THE BEAUTY OF HUAWEI OPENARKCOMPILER

THE ANALYSIS AND
IMPLEMENT OF
ARCHITECTURE BASED OPEN
SOURCE CODE

华为方舟编译器之美

基于开源代码的架构分析与实现

史宁宁◎编著
Shi Ningning

清华大学出版社
北京

内 容 简 介

华为方舟编译器自面世以来，在业界乃至互联网科技圈引发了巨大的反响。作为一款国内研发的大型工业编译器，方舟编译器从一开始就承载了众多期望。方舟编译器开源之后，业界不少同人开始分析方舟编译器的架构和实现，本书也是从这时候开始编写的。

本书基于方舟编译器开源代码的 V0.2.1 版本，从方舟编译器的开源进程与前景谈起，介绍方舟编译器的构建、总体架构、IR 设计、Maple IR 的处理、Me 体系、phase 体系的设计与实现等内容，覆盖了 V0.2.1 版本所开源的所有核心内容。最后，还对如何参与方舟编译器社区的建设给出了指引。

总体而言，本书既有对整体架构的分析，又有对整体架构实现及重点内容代码实现的介绍，可以帮助读者快速地了解方舟编译器的开源代码，让读者更加方便地参与到方舟编译器的建设和使用中。

本书主要面向编译器相关从业者和 App 开发者，也适合想学习方舟编译器的读者阅读。

本书封面贴有清华大学出版社防伪标签，无标签者不得销售。
版权所有，侵权必究。举报：010-62782989，beiqinquan@tup.tsinghua.edu.cn。

图书在版编目(CIP)数据

　华为方舟编译器之美：基于开源代码的架构分析与实现/史宁宁编著.
—北京：清华大学出版社，2020.9(2021.6重印)
　ISBN 978-7-302-56262-7

　Ⅰ. ①华… Ⅱ. ①史… Ⅲ. ①编译程序－程序设计 Ⅳ. ①TP314

中国版本图书馆 CIP 数据核字(2020)第 148912 号

责任编辑：赵佳霓
封面设计：李召霞
责任校对：时翠兰
责任印制：丛怀宇

出版发行：清华大学出版社
　　网　　　址：http://www.tup.com.cn, http://www.wqbook.com
　　地　　　址：北京清华大学学研大厦 A 座　　邮　　编：100084
　　社　总　机：010-62770175　　　　　　　　邮　　购：010-83470235
　　投稿与读者服务：010-62776969, c-service@tup.tsinghua.edu.cn
　　质量反馈：010-62772015, zhiliang@tup.tsinghua.edu.cn
　　课件下载：http://www.tup.com.cn, 010-83470236
印 装 者：三河市铭诚印务有限公司
经　　销：全国新华书店
开　　本：147mm×210mm　　印　张：6.375　　字　数：143 千字
版　　次：2020 年 9 月第 1 版　　　　　　　印　次：2021 年 6 月第 2 次印刷
印　　数：2001～3000
定　　价：69.00 元

产品编号：089461-01

PREFACE
序

编译器是计算机执行栈的腰部环节,担负着沟通应用程序和芯片的桥梁作用。历史上最早的程序都是针对特定芯片的,所以都是用指令来写程序。伴随着高级语言的发展和芯片的多样化,软件不想也不可能绑定某一款芯片。因此,从20世纪50年代开始,编程语言和编译器就应运而生。比较出名的包括Fortran、COBOL,以及它们的编译器。

编译器和编程语言的发展是相互依赖的。开始时编译器只能用汇编指令实现,随着高级语言的发展,编译器当然也开始用高级语言编写。这里必然存在一个自举的问题,即自己编译自己。这里不详细描述。

中国的编程语言和编译器相关技术发展比较晚,大家比较熟悉的包括GCC和LLVM,以及部分人很了解的Open64。可以说,国内资深的研发人员都比较熟悉这三款开源编译器,特别是对Open64情有独钟,因为这是华人主导的。我本人的成长伴随着这三个编译器的发展,也了解一些其他的商用编译器,算是深有感触。

现在人们谈编译器的时候,基本上谈的是优化编译器(Optimizing Compiler),大家关注的是编译器性能的高低。早期很多编译器更像翻译器,以生成正确的机器码为目标。后来随着芯片和语言的发展,性能的需求上升,优化的需求也就上升了。一开始的优化是局部的,即在一个串行指令序列内做变动,用现在的说法就是基本块(Basic Block,BB)内优化。逐步地,全局优化即跨BB 的优化也发展起来。这里必须提到华人专家的代表——Fred Chow,他是业界早期全局优化的领军人物。他最有代表性的突破就是 Register Allocation 和 SSA PRE。他也是方舟编译器研发的核心人员。

国内的编译技术一直以来都是依赖开源项目来开展,2009 年华为组建了编译器团队,一开始也只能用开源项目。发展了 5 年以后,大家才开始着手准备一个全新的编译器。这 5 年也是一个逐步熟悉产品环境和建立队伍的过程,无法避免。在 2015 年左右,华为内部正式启动方舟编译器项目,当时取名为 Maple,这个名字在内部一直沿用。编译器的历史及方舟编译器的前生就不多说了,详情可以参考附录"方舟编程体系"。

我第一次听说史宁宁这个名字是在 2019 年 8 月,当时方舟编译器刚发布,我就惊奇地发现知乎上面有个博主叫"小乖他爹",开始写关于方舟的文章。后来,针对开源出来的代码连续跟踪发表了很多阅读笔记,他所在的 PLCT 实验室还做了一个小小的 runtime,让社区代码能运行起来,我们非常惊讶,甚至按照他的指南也实践了一下这个 Toy runtime。后来我一直持续观察他的笔记,发现他能静下心来,坚持跟踪、学习,实在难能可贵。2020 年 1 月在杭州开公开沙龙的时候,碰见了他,才知道他叫史宁宁,也了解到他有写这本书的想法。再后来,发现他在编译行业已经工作多年,也了解到 HelloGCC 和中国科学院软件研究所 PLCT 实验室在编译行业所做的成绩,让我对国内编译技术的发展充满信心。

我作为方舟编译器的创始人,对出版这本书全力支持。支持为助力中国系统软件的发展添砖加瓦。本书的重点是源代码分析，囊括了已经开源代码的全部。说实话，比我自己记录得还全面，这里要表示感谢。当前方舟编译器已经开源出来的代码是比较基本的，但在编译流程方面，可以说是完善的。大家在阅读此书的时候，请结合代码一起看。代码还在更新，可能偶尔会有出入，可以找史宁宁或者去社区咨询。另外，还有很多代码是关于高级优化的，包括完整的 runtime，由于历史原因和不可抗拒的因素，没办法一下子全部开源，所以后续会不断地更新。我们也期待史宁宁到时能够写一本《方舟的 runtime》。

对于读者及这个行业的研发人员来说，我有两个简单的建议，也是我个人多年的体会。第一个建议是行胜于言，这是咱们老祖宗说过无数年的。编译技术和其他技术一样，是通过不断学习和实践而螺旋式上升的，我们可以通过读代码和上课来学习知识，但更重要的是实践，实践可以让你对知识的理解指数级地提高。第二个建议是要学会抽象。实践之后进一步思考，体会其中的理论道理，理解完整的优化体系，这样就可以成为专家了。

最后祝中国编译事业更上一层楼！

叶寒栋
2020 年 5 月 10 日

FOREWORD
前　　言

　　方舟编译器自 2019 年 4 月出现在大家的视野之后，就引发了强烈关注。2019 年 8 月 31 日，方舟编译器开始开源，大家对方舟编译器的关注达到了顶点。编译器行业的从业者、App 开发者等相关从业者都保持了对方舟编译器的极大热情。笔者也是从 2019 年 8 月 31 日开始对方舟编译器保持持续关注。

　　方舟编译器开源之后，为了丰富方舟编译器的学习资料，方便更多相关行业从业者学习方舟编译器，我从 2019 年 8 月 31 日开始在知乎连载方舟编译器学习笔记系列博客。该系列博客保持每天至少更新一篇，连续更新了 2 个多月，累计更新 70 余篇。同时，我参与了方舟编译器社区的所有线上线下活动，积极跟踪方舟编译器社区的最新动态。在此基础上，对方舟编译器目前唯一的开源版本 V0.2.1 的代码进行了梳理，编写了这本《华为方舟编译器之美——基于开源代码的架构分析与实现》。

　　阅读本书需要具备基本的编译原理知识，至少系统地阅读或学习过"编译原理"课程，了解编译器的基本环节和处理流程。同时，需要对业界主流编译器的大致情况有一个基本的了解。阅读本书并不需要遵循一定的顺序，可按照需要选取对应的章节进行阅读。

　　本书对 V0.2.1 版本开源代码整体情况进行了梳理和介绍。同时，抽取其中开源代码比较集中的 IR 框架部分，进行了详细的源码分析。其各章的主要内容如下：

第 1 章 方舟编译器的前世今生，主要对方舟编译器的开源进程进行介绍，采用大事记的形式，记录开源过程中的重大事件节点。同时，还对方舟编译器的发展前景进行了展望。

第 2 章 方舟编译器的构建，对方舟编译器所采用的三层构建体系及其运作流程做简要介绍，在此基础上，介绍方舟编译器源码及其 sample 的编译。

第 3 章 方舟编译器总体介绍，对方舟编译器的架构、源码目录、官方文档和执行流程等几方面进行初步介绍，更详细的内容在后续对应章节进行讨论。

第 4 章 中间表示，介绍三地址码和 SSA 等基本的中间表示基础理论，为后续的源码分析提供基本的理论知识。

第 5 章 方舟编译器 IR 的设计与实现，从方舟编译器 IR 设计的思想起源入手，对 Maple IR 的结构及其代码实现、基本类型的设计与实现、控制流语句的设计与实现等方面进行分析。

第 6 章 方舟编译器 IR 与其他编译器 IR 的横向对比，将 Maple IR 与 LLVM IR、Open64 的 WHIRL IR 进行 IR 设计层面的一些横向对比。

第 7 章 Maple IR 的处理流程分析，分析 Maple IR 的处理流程所涉及的 lexer、parser、lower 等环节，以及符号表的相关处理。

第 8 章 Me 体系实现，对 Me 体系中的相关结构及其实现进行分析。

第 9 章 方舟编译器 phase 体系的设计与实现，对方舟编译器的整个 phase 体系从设计入手，对其注册、添加、调用，以及其两个类别 ModulePhase、MeFuncPhase 的设计与实现进行分析。

第 10 章 phase 实例分析，对 ModulePhase 的整体实现和运行情况及具体的 classhierarchy 进行分析。同时，对 MeFuncPhase 的执行前准备、返回，以及具体的 dominance、ssaTab 和 SSA 进行分析。

第 11 章 如何参与方舟编译器社区，对如何参与方舟编译器社区的讨论及代码提交进行介绍。

另外，方舟编译器本身也在不断完善中，社区代码也在不断更新中，本书选取其中的 V0.2.1 版进行分析，但是依然可能会出现本书代码与实际代码不同的情况，在这种情况下请跟踪最新代码并获取最新信息。

史宁宁

2020 年 6 月

本书源代码下载

CONTENTS
目　　录

第 1 章　方舟编译器的前世今生　　001

1.1　方舟编译器的开源进程　　001
1.2　方舟编译器的前景　　006

第 2 章　方舟编译器的构建　　009

2.1　方舟编译器构建体系　　009
2.2　方舟编译器源码编译　　010
2.3　方舟编译器官方例子编译　　013
2.4　Toy runtime 简介　　016

第 3 章　方舟编译器总体介绍　　018

3.1　方舟编译器的架构　　018
3.2　方舟编译器源码目录　　019
　　3.2.1　一级目录　　019
　　3.2.2　src 目录介绍　　020
3.3　方舟编译器文档　　024
3.4　方舟编译器的执行流程　　026

第 4 章　中间表示　　032

4.1　IR 简介　　032

4.2　三地址码　034
4.3　SSA　036

第 5 章　方舟编译器 IR 的设计与实现　038

5.1　Maple IR 设计的起源与思想　038
5.2　Maple IR 的结构　042
5.3　Maple IR 结构表示代码　045
5.4　Maple IR 中的基本类型的设计与实现　046
　5.4.1　基本类型的设计　046
　5.4.2　Maple IR 基本类型的实现　050
5.5　Maple IR 中的控制流语句的设计与实现　055
　5.5.1　控制流语句的设计　056
　5.5.2　控制流语句的实现　057

第 6 章　方舟编译器 IR 与其他编译器 IR 的横向对比　060

6.1　Maple IR 与 LLVM IR 的对比　060
　6.1.1　Maple IR 与 LLVM IR 的结构对比　061
　6.1.2　Maple IR 与 LLVM IR 的类型对比　065
　6.1.3　Maple IR 与 LLVM IR 中 module 层面的信息对比　069
6.2　Maple IR 与 WHIRL IR 的对比　072
　6.2.1　Maple IR 与 WHIRL IR 的基本类型对比　073
　6.2.2　Maple IR 与 WHIRL IR 的控制流语句对比　075

第 7 章　Maple IR 的处理流程分析　078

7.1　Maple IR 的整体处理流程　078

7.2	Maple IR 的 build 类	080
7.3	Maple IR 的符号表	085
7.4	Maple IR 的寄存器实现	087
7.5	Maple IR 的 lower 处理	090
	7.5.1 if 语句的向下转换	092
	7.5.2 while 和 dowhile 语句的向下转换	094
	7.5.3 doloop 语句的向下转换	100

第 8 章　Me 体系实现　　104

8.1	MeFunction 实现	104
8.2	MeCFG 实现	107
8.3	BB 实现	110
8.4	MeStmt 实现	112
8.5	MeExpr 实现	115

第 9 章　方舟编译器 phase 体系的设计与实现　　119

9.1	phase 体系的总体设计与实现	119
9.2	phase 的注册与新增	121
9.3	phase 的运行机制	128
9.4	ModulePhase 的设计与实现	136
9.5	MeFuncPhase 的设计与实现	137
9.6	DriverRunner 的调用	139

第 10 章　phase 实例分析　　144

10.1	ModulePhase 类 phase 的实现与运行	144

10.2	ModulePhase 之 classhierarchy 分析	149
10.3	MeFuncPhase 类 phase 的执行前准备	154
10.4	MeFuncPhase 类的 phase 的返回分析	160
10.5	MeFuncPhase 之 dominance 分析	166
10.6	MeFuncPhase 之 ssaTab 分析	174
10.7	MeFuncPhase 之 ssa 分析	177

第 11 章　如何参与方舟编译器社区　　　　　　　181

附录 A　方舟编程体系　　　　　　　　　　　　183

参考文献　　　　　　　　　　　　　　　　　　189

后记　　　　　　　　　　　　　　　　　　　　190

第 1 章

方舟编译器的前世今生

方舟编译器在 2019 年 8 月 31 日进行了首批代码开源，在此之后还举行了一系列与开源进程相关的活动，本部分内容将介绍方舟编译器开源过程中的相关事件。同时，本部分内容还将对方舟编译器的前景进行展望。

1.1 方舟编译器的开源进程

方舟编译器在 2019 年 8 月 31 日进行了开源，将 IR 框架及部分相关的代码进行了开源，这是方舟编译器开源的重大时间节点。在此之外，为了方舟编译器的开源所做的宣传准备，还有后续的开源动作，都是方舟编译器开源进程中的重要事件。本部分内容将尽量详细地梳理方舟编译器开源进程中的相关事件，试图从公开信息中梳理出方舟编译器开源的整个过程。

方舟编译器是在 2019 年 4 月 11 日华为 P30 手机发布会上出现在大家视野中的，这场发布会提到了方舟编译器将带来"安卓性能革命"，会"解决安卓程序'边解释边执行'的低效"，并会带来"架构级优化",可以"显著提升性能"。同时,对于性能提升给出了具体的数据,在系统操作流畅度上可以提升24%,在系统响应上可以提升44%,在三方应用操作流畅度上可以提升60%。方舟编译器第一次亮相,就宣布将要进行开源。

方舟编译器一亮相,就被众多媒体和科技同行惊叹为"黑科技",对于其所宣称的提升效率也表示了极大的兴趣。尤其是华为方面宣布要将其开源,相关行业从业者也对其保持了极大的关注。

随后,华为召开了一个华为EMUI软件沟通会,其中一项重要的议程就是介绍方舟编译器。在方舟编译器的议程中,对于方舟编译器的开源过程也第一次系统地进行了介绍。其将方舟编译器的开源分为3个步骤:第1步,在P30发布会上宣布方舟编译器开源;第2步,在2019年8月的华为开发者大会上对方舟编译器的框架代码开源,让开发者可以研究参考;第3步,在2019年11月的绿盟开发者大会上,对完整的方舟编译器代码开源,使得开发者可以编译使用。正是这个开源时间表,为后续方舟的开源带来了很多的争议。

2019年8月,华为开发者大会正常召开,但是华为并没有开源方舟编译器。直到8月31日,华为才对方舟编译器的IR框架及部分代码进行了开源。这时候,根据之前规划的时间表,已经略有延迟了。但是,因为这次开源的代码只包含了IR框架及部分相关代码,所以前端、后端都是以可执行文件的形式给出的,并且编译出来的文件无法执行(缺乏运行所需的runtime)。这个状况被广大网友广为诟病,甚至创造了一个新词"按揭开源"来描述方舟编译器。

2019年9月7日,华为在北京研究所举办了方舟编译器首场技术沙龙,现场对方舟编译器的情况进行了介绍,并邀请清华大学、中科院计算所和北京理工大学等方面的老师一起对方舟编译器进行了讨论。华为方面的相关人员在现场提问环节,对方舟编译器最终完全开源的时间节点确定在了 2020 年。这个时候,相当于华为其实已经对最终开源的时间节点进行了调整。由于 4 月份的开源时间表有大量的媒体报道,并配有现场的 PPT 照片,所以广为人知。而技术沙龙上涉及这个话题的相关报道,关注的人并没有那么多,所以很多人并不知道这次调整。对于后续绿盟开发者大会还保持很高的期待。

2019 年 9 月 8 日,由 HelloGCC/HelloLLVM、中科院软件所智能软件研究中心程序语言与编译技术实验室和华为官方一起举办的方舟编译器技术沙龙在上海举行。HelloGCC/HelloLLVM 负责人吴伟做了开场介绍,从开源社区的角度谈方舟编译器开源的影响,笔者随后做了方舟编译器开源状况简介的报告。方舟编译器开源社区经理刘果及方舟编译器架构师等人员就大家关心的方舟编译器相关问题进行了解答。

2019 年 10 月 23 日,中科院软件所智能软件研究中心程序语言与编译技术实验室发布了 Toy runtime,改变了方舟编译器一直没有可用 runtime,并且无法运行例子程序的状况。Toy runtime 只发布了 V0.1 版本,如图 1.1 所示。Toy runtime 目前只能支持 Hello World 的例子程序的运行,但是这对于方舟编译器社区的建设具有特殊的意义。

2019 年 11 月 19 日,绿盟开发者大会在北京召开。方舟编译器在该大会上只有一个相关主题,即由笔者作为开源社区的代表,以中科院软件所智能软件研究中心程序语言与编译技术实验室的身份,做了名为《拥抱方舟开源编译器:Maple IR 分析及 Toy runtime 介绍》的分享。方舟编译器在绿盟开发者大会上,并未进行进一步的开源。这和 4 月份所提出的时间表已经不符合了,但是符合 9 月份技术沙龙所宣称的在 2020 年完全开源。

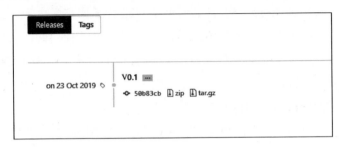

图 1.1　Toy runtime V0.1 版本

(图源:https://github.com/isrc-cas/pacific/releases)

方舟编译器开源之后,一直保持了一主一备的开源站点。主站点先是建立在华为云上,备份站点是在码云(gitee.com)上。后来,二者进行了切换,码云做为主站点,华为云作为备份站点。在这个不断的调整中,方舟编译器开源的代码不断地重构也开始了,每个工作日都有新的重构代码被公开,但是一直缺乏必要的 commit 信息和版本号。直到 2019 年 11 月 22 日,方舟编译器开源库上出现了 V0.3 和 V0.3-alpha 的版本,如图 1.2 所示。

这两个版本的 tag 打在了同一个节点上。但是,这两个版本号并没有存在太长时间,不久之后就被删除了。随后,在 12 月份的时候,正式发布了 V0.2.1 版本,如图 1.3 所示。

2020 年 1 月 3 日,方舟编译器技术沙龙在杭州举行。在报告分享环节,华为国内研发团队的赵俊民、汤伟等人介绍了他们的工作,Futurewei 的叶寒栋、蒋奕、张雁介绍了他们在方舟编译器不同分支所做的工作，吴伟和笔者做了方舟编译器开源社区相关的发展。在技术沙龙的讨论环节，对于后续方舟编译器的开源计划进行了讨论和交流。关于后续的开源计划，经过官方的总结，最终在方舟编译器主站进行了公布，如图1.4所示。

图 1.2　方舟编译器 V0.3 和 V0.3-alpha

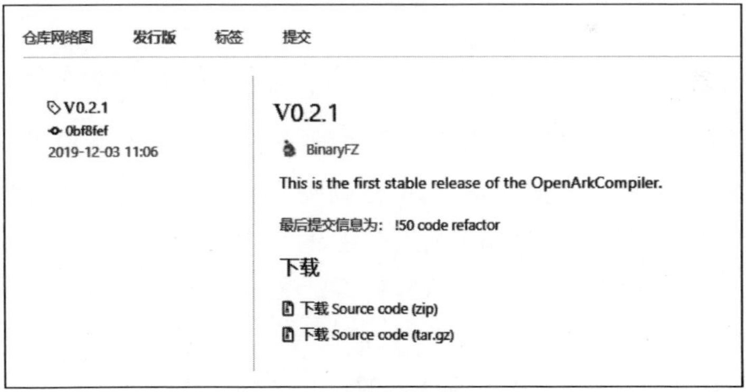

图 1.3　方舟编译器 V0.2.1

（图源：https://gitee.com/harmonyos/OpenArkCompiler/releases/v0.2.1）

开源范围	2020年3月	2020年5月
编译器前端	jbc前端基础框架	前端全量开源
编译器中端	独立优化Phase每周持续开源	
编译器后端	后端开源(O0) (aarch64)	独立优化按周开源(O2) (aarch64)
测试框架	测试框架+基础用例开源	

计划持续更新...

图 1.4　方舟编译器开源计划

（图源：https://gitee.com/harmonyos/OpenArkCompiler）

截至目前，方舟编译器开源部分的代码还在不断地重构和更新，也不断地有新的代码被放出来，目前的主要问题是commit信息太简单，对跟踪和阅读新增代码造成了一定的困扰。

1.2　方舟编译器的前景

方舟编译器作为国内首个开源的工业编译器，它和业界成熟的编译器还存在着一定的差距，这需要随着时间的发展不断地补齐自身的短板，扩大其相关的生态建设。

方舟编译器在其设计之初，就不仅仅是一个编译器，还是一个完整的生态。根据叶寒栋、蒋奕、张雁等人在方舟技术沙龙杭州站上的分享信息来看，方舟编译器的设计包含了程序语言、编译器、Bytecode 和 VM 等，是要构建一个不依赖于目标平台的程序系统。叶寒栋披露的整个程序系统的架构如图 1.5 所示。

第 1 章 方舟编译器的前世今生

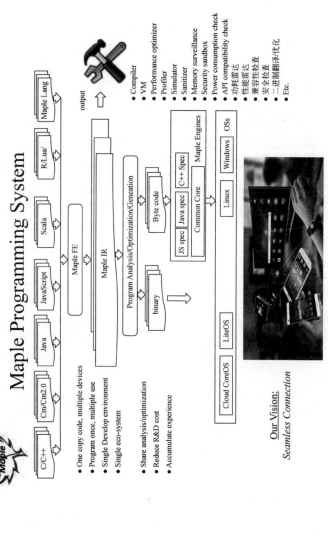

图 1.5 Maple Programming System
(图源：叶寒栋 Maple Programming System)

图 1.5 的整个系统可以视为一个完整的生态，生态的建设和发展需要时间，也需要更多的参与方乃至最终的用户参与其中。这些因素最终都会决定方舟编译器发展的走向。图 1.5 中用了 Maple 命名整个系统，其实 Maple 就是方舟的早期命名，后来用 Maple 来命名 IR。关于这段历史，可以参见叶寒栋所撰写的附录 A "方舟编程体系"。

方舟编译器在华为的整个终端生态建设中也是重要的一环。方舟编译器虽然被定义为多语言多平台的编译器，但是目前的主要应用场景还是可以为 App 提供新的编译和运行方式，这将为华为建设自己的 App 生态提供重要的支撑。同时，这也为华为后续发展自己的手机系统提供了入口和支撑。近期不断有关于鸿蒙系统的消息发布，或许等鸿蒙系统发布之后，方舟编译器的发展前景就会更加明朗。

第 2 章

方舟编译器的构建

方舟编译器的构建系统采用了 Makefile、gn、Ninja 等工具，并采用 LLVM 的 Clang 和 Clang++ 前端分别作为 C 和 C++ 的编译器。本部分内容将对方舟编译器的整体构建系统做一个简单介绍，在此基础之上，进一步介绍方舟编译器及相关内容的构建。

2.1　方舟编译器构建体系

方舟编译器的构建体系并不是采用传统的单个工具进行构建的体系，而是采用了目前比较流行的多个工具层次化配置的构建体系。这种构建体系的特征就是编译速度快，能更加快速地适应多种软硬件平台。但是，这种构建体系也有一些缺点，就是需要开发者熟悉更多的构建工具。

方舟编译器的构建体系可以分为 Makefile、gn 和 Ninja 三层，这三层的关系是逐层向下的。Makefile 作为最上层的构建工具，暴露给编译源码的使用者，并且它会调用 gn。gn 为 Ninja 的构建准备相关的配置文件，最终通过 Ninja 完成构建工作。

Makefile 作为一个业界使用已久的构建工具，关于它的介绍和使用内容十分多，有很多专门的教程和课程介绍，在此不再赘述。

　　gn 是 Chromium 项目开发的一种元构建系统，用来替代 GYP。和 GYP 相比，它的速度更快，能更好地解决依赖问题，能更好地支持调试。gn 这个构建系统，只生成 Ninja 构建文件，并不进行编译。

　　Ninja 是一个小型的构建系统，它聚焦于编译速度。它不同于其他的构建系统主要体现在两点：第一，它需要更高级的构建系统为它生成输入文件；第二，它的设计目的是尽可能快地构建。Ninja 文件虽然也可以手写，但是通常不建议手写，建议使用类似 gn 的工具进行生成。Ninja 构建系统的介绍，有一个专门的网站（https://ninja-build.org/）介绍，读者可以查阅相关资料。

　　方舟编译器目前采用这种构建体系，可以大大节省项目的构建时间。

2.2　方舟编译器源码编译

　　方舟编译器的源码编译，整个过程较为简单，可以分为环境配置和源码编译两部分。

　　方舟编译器的环境配置，在官方文档《环境配置》中已经有较为详细的介绍，其过程可以分为 3 步。

第 1 步,安装 64 位版本的 Ubuntu 16.04,并且安装如下依赖库:

```
sudo apt-get -y install openjdk-8-jdk git-core build-essential zlib1g-dev
libc6-dev-i386 g++-multilib gcc-multilib linux-libc-dev:i386
sudo apt-get -y install gcc-5-aarch64-linux-gnu g++-5-aarch64-linux-gnu
```

上述代码中安装这些库的个别版本可能会有差异,有的时候这并不会影响源码的编译,不用在这个环节过分纠结个别库的具体小版本号,如果后面真的影响编译结果也可以再调整。

第 2 步,安装 Clang 工具链,并完成配置。在 http://releases.llvm.org/download.html#8.0.0 下载 clang+llvm-8.0.0-x86_64-linux-gnu-ubuntu-16.04,并将其放到 openarkcompiler/tools 目录,打开 build/config 目录的 BUILDCONFIG.gn,将 GN_C_COMPILER、GN_CXX_COMPILER 和 GN_AR_COMPILER 三个变量配置为 Clang 编译器所在路径,代码如下:

```
//第 2 章/BUILDCONFIG.gn
GN_C_COMPILER = "${MAPLE_ROOT}/tools/clang_llvm-8.0.0-x86_64-linux-gnu-ubuntu-16.04/bin/clang"
GN_CXX_COMPILER = "${MAPLE_ROOT}/tools/clang_llvm-8.0.0-x86_64-linux-gnu-ubuntu-16.04/bin/clang++"
GN_AR_COMPILER = "${MAPLE_ROOT}/tools/clang_llvm-8.0.0-x86_64-linux-gnu-ubuntu-16.04/bin/llvm-ar"
```

第 3 步,安装 gn 和 Ninja 并完成配置。在 https://gitee.com/xlnb/gn_binary 下载 gn,在 https://github.com/ninja-build/ninja/

releases 下载 Ninja(V1.9.0),将它们放到 openarkcompiler/tools 目录,然后使用如下命令修改它们的文件权限:

```
cd openarkcompiler/tools
chmod 775 gn
chmod 775 ninja
```

在完成文件权限的修改之后,将 openarkcompiler/Makefile 文件中的 gn 和 Ninja 两个变量配置为 gn 和 Ninja 可执行程序的所在路径。

这里需要提醒大家注意:第一,目前方舟编译器的默认构建系统是 64 位的 Ubuntu 16.04,所以在这里推荐按照官方的默认版本选择系统,避免在更高版本的系统上出现问题;第二,根据配置文件的要求完成相关配置的时候,需要修改 gn 和 Ninja 的权限。

在完成环境配置之后,可以开始进行方舟编译器源码的编译。方舟编译器源码编译需要执行以下命令:

```
source build/envsetup.sh
make
```

其中,source build/envsetup.sh 是初始化环境,make 是直接进行编译。也可以通过 make BUILD_TYPE=DEBUG 编译 Debug 版本。编译完成后的输出信息如图 2.1 所示。

方舟编译器编译完成之后,会在 out/bin 目录下生成如图 2.2 所示的可执行文件。至此,已经完成了方舟编译器的源码编译。

第 2 章 方舟编译器的构建

```
[115/119] rm -f lib/64/libmpl2mpl.a && /home/shining/OpenArkCompilerV0.2.1/tools/clang_llv
m-8.0.0-x86_64-linux-gnu-ubuntu-16.04/bin/llvm-ar qc lib/64/libmpl2mpl.a obj/src/mpl2mpl/s
rc/libmpl2mpl.class_init.o obj/src/mpl2mpl/src/libmpl2mpl.gen_check_cast.o obj/src/mpl2mpl
/src/libmpl2mpl.muid_replacement.o obj/src/mpl2mpl/src/libmpl2mpl.reflection_analysis.o ob
j/src/mpl2mpl/src/libmpl2mpl.vtable_analysis.o obj/src/mpl2mpl/src/libmpl2mpl.java_intrn_l
owering.o obj/src/mpl2mpl/src/libmpl2mpl.java_eh_lower.o obj/src/mpl2mpl/src/libmpl2mpl.na
tive_stub_func.o obj/src/mpl2mpl/src/libmpl2mpl.vtable_impl.o obj/src/mpl2mpl/src/libmpl2m
pl.class_hierarchy.o && ranlib lib/64/libmpl2mpl.a
[116/119] /home/shining/OpenArkCompilerV0.2.1/tools/clang_llvm-8.0.0-x86_64-linux-gnu-ubun
tu-16.04/bin/clang++ -fPIC -std=c++14 -rdynamic -lpthread -Wl,-z,relro -Wl,-z,now -Wl,-z,n
oexecstack -pie -o /home/shining/OpenArkCompilerV0.2.1/out/bin/irbuild -Wl,--start-group o
bj/src/maple_ir/src/irbuild.driver.o lib/64/libmplir.a lib/64/libHWSecureC.a lib/64/libmpl
2mpl.a ../src/deplibs/libmplphase.a ../src/deplibs/libmempool.a ../src/deplibs/libmaple_dr
iverutil.a ../src/deplibs/libmplutil.a -Wl,--end-group
[117/119] /home/shining/OpenArkCompilerV0.2.1/tools/clang_llvm-8.0.0-x86_64-linux-gnu-ubun
tu-16.04/bin/clang++ -fPIC -std=c++14 -rdynamic -lpthread -Wl,-z,relro -Wl,-z,now -Wl,-z,n
oexecstack -pie -o /home/shining/OpenArkCompilerV0.2.1/out/bin/maple -Wl,--start-group obj
/src/maple_driver/src/maple.compiler.o obj/src/maple_driver/src/maple.compiler_factory.o o
bj/src/maple_driver/src/maple.compiler_selector.o obj/src/maple_driver/src/maple.driver_ru
nner.o obj/src/maple_driver/src/maple.file_utils.o obj/src/maple_driver/src/maple.jbc2mpl_
compiler.o obj/src/maple_driver/src/maple.maple.o obj/src/maple_driver/src/maple.maple_com
b_compiler.o obj/src/maple_driver/src/maple.mplcg_compiler.o obj/src/maple_driver/src/mapl
e.mpl_options.o lib/64/libHWSecureC.a lib/64/libmplir.a lib/64/libmpl2mpl.a lib/64/libmplme
.a /home/shining/OpenArkCompilerV0.2.1/out/lib/libmplmewpo.a lib/64/libmpl2mpl.a ../src/de
plibs/libmplphase.a ../src/deplibs/libmempool.a ../src/deplibs/libmaple_driverutil.a ../sr
c/deplibs/libmplutil.a -Wl,--end-group
[118/119] touch obj/ABS_PATH/home/shining/OpenArkCompilerV0.2.1/src/mapleall.stamp
[119/119] touch obj/maple.stamp
```

图 2.1 方舟编译器编译完成后信息

图 2.2 方舟编译器的可执行文件

2.3 方舟编译器官方例子编译

方舟编译器自带了 6 个官方例子，它们分别是：exceptiontest、helloworld、iteratorandtemplate、polymorphismtest、rccycletest 和

threadtest,它们位于 OpenArkCompiler 主目录之下的 samples 目录,分别位于各自独立的同名目录。

方舟编译器官方例子的编译,需要提前完成方舟编译器的源码编译。同时,例子的编译需要依赖 libcore 的 jar 包,它的获取有两个途径:第一,下载 Android 代码本地编译来获得 libcore 的 jar 包,建议使用 Android 的 9.0.0_r45 版本;第二,直接从码云下载,下载链接:https://gitee.com/mirrors/java-core/。

获取 libcore 的 jar 包之后,需要在 OpenArkCompiler 主目录之下创建 libjava-core 目录,将 java-core.jar 复制到此目录下,在 OpenArkCompiler 主目录执行以下命令:

```
source build/envsetup.sh
cd libjava-core
jbc2mpl -injar java-core.jar -out libjava-core
```

这些命令是为了编译出 java-core 的 mpl 和 mplt 格式的中间输出文件。最后一条命令执行所需时间较长,请耐心等待。执行完毕之后,并没有信息输出,但是可以看到 libjava-core 目录之下,除了 java-core.jar,增加了 libjava-core.mpl 和 libjava-core.mplt 文件,如图 2.3 所示。

图 2.3　libjava-core.mpl 和 libjava-core.mplt

完成了 libjava-core 的相关编译工作之后,可以进行具体的例子编译。接下来将以 helloworld 为例子进行讲解,编译其他例子的

过程相同。在编译 helloworld 例子前,需要退回到 OpenArkCompiler 主目录,然后执行如下命令:

```
cd samples/helloworld/
make
```

执行完 make 命令后,可以获得如图 2.4 所示的信息输出。此时已经完成了 helloworld 例子的编译。

```
/home/shining/OpenArkCompilerV0.2.1/out/bin/java2jar  HelloWorld.jar /home/shining/OpenArk
CompilerV0.2.1/libjava-core/java-core.jar "HelloWorld.java"
added manifest
adding: HelloWorld.class(in = 534) (out= 330)(deflated 38%)
/home/shining/OpenArkCompilerV0.2.1/out/bin/jbc2mpl -injar /home/shining/OpenArkCompiler
V0.2.1/libjava-core/java-core.jar -output /home/shining/OpenArkCompilerV0.2.1/libjava-core
/home/shining/OpenArkCompilerV0.2.1/out/bin/jbc2mpl --mplt /home/shining/OpenArkCompilerV0
.2.1/libjava-core/java-core.mplt -injar  HelloWorld.jar -out HelloWorld
/home/shining/OpenArkCompilerV0.2.1/out/bin/maple --infile HelloWorld.mpl --run=me:mpl2mpl
:mplcg --option="--quiet:--quiet --regnativefunc --maplelinker:--quiet --no-pie --verbose-
asm --maplelinker --fpic --save-temps
Starting mpl2mpl&mplme
Starting:/home/shining/OpenArkCompilerV0.2.1/out/bin/maple --run=me:mpl2mpl --option=" --q
uiet: --quiet --regnativefunc --maplelinker" ./HelloWorld.mpl --save-temps
Starting parse input
Parse consumed 2s
Processing mpl2mpl&mplme
Mpl2mpl&mplme consumed 0s
Starting mplcg
Starting:/home/shining/OpenArkCompilerV0.2.1/out/bin/mplcg -fpic  -maplelinker  -no-pie  -
quiet  -verbose-asm ./HelloWorld.VtableImpl.mpl
mplcg consumed 2s
```

图 2.4　helloworld 例子的编译过程信息

完成 helloworld 例子的编译之后,可以观察到 samples/helloworld 目录下原来只有 Makefile 和 HelloWorld.java,编译后新增了多个文件,如图 2.5 所示。

其中,HelloWorld.VtableImpl.s 文件是最终生成的汇编文件。但是,由于方舟编译器目前并未发布 runtime,所以 sample 无法运行。但是,中科院软件所 PLCT 实验室发布了 Toy runtime (pacific),作为第三方的 runtime,它可以支持 helloworld 例子的运行。

图 2.5　helloworld 例子的编译结果

2.4　Toy runtime 简介

　　Toy runtime(pacific)是方舟编译器的 runtime 参考实现,目前由 PLCT 实验室进行开发和维护,PLCT 实验室全称是程序语言与编译技术实验室,隶属于中国科学院软件研究所智能软件研究中心。Toy runtime 项目采用 Apache 协议。

　　Toy runtime 不仅可以支持方舟编译器要求的 Ubuntu 16.04 系统,同时也支持 Ubuntu 18.04 系统。此处将以 Ubuntu 16.04 系统为例进行介绍。

编译 Toy runtime 的步骤可以分为 4 步：第 1 步，从 https://github.com/isrc-cas/pacific 获取 Toy runtime 源码；第 2 步，安装 aarch64 gnu linux 工具链，具体就是安装 gcc-aarch64-linux-gnu；第 3 步，将 Makefile 中的 CROSS_AARCH64_GCC = aarch64-linux-gnu-gcc-8 修改为 CROSS_AARCH64_GCC = aarch64-linux-gnu-gcc；第 4 步，执行 make 或者 make pacific 即可编译完成。

编译完成后，可以通过 make sample 命令，让 Toy runtime 来加载一个从方舟编译器生成的 Hello World 汇编文件，并运行该文件。目前 Toy runtime 发布了 V0.1 版本，支持了方舟编译器 helloworld 例子的运行。编译及 Hello World 例子的运行效果，具体如图 2.6 所示。

```
shining@shining-VirtualBox:~/pacific$ make
aarch64-linux-gnu-gcc-8 -O2 -std=gnu99 \
-Wl,-rpath=/home/shining/pacific/prebuilt/aarch64 \
-Wl,-dynamic-linker=/home/shining/pacific/prebuilt/aarch64/ld-linux-aarch64.so.1
 \
/home/shining/pacific/src/pacific.c -o /home/shining/pacific/src/pacific
shining@shining-VirtualBox:~/pacific$ make sample
Hello World from toy runtime!
```

图 2.6　Toy runtime 编译及运行

第 3 章

方舟编译器总体介绍

在深入了解方舟编译器的开源代码之前,需要对方舟编译器先有一个整体的认知。本部分内容将从方舟编译器的架构、方舟编译器源码目录、方舟编译器文档和方舟编译器的执行流程这几个方面分别进行介绍,期望能让读者对方舟编译器有一个整体的了解。

3.1 方舟编译器的架构

方舟编译器的整体架构根据其设计,可以分为编译器输入、编译器处理和编译器输出。严格来讲,编译器的核心部分在编译器处理这个环节。编译器处理这个环节采用了目前业界主流的三阶段设计,即前端、中端和后端。编译器处理环节中的方舟 IR 转换器对应着三阶段设计中的前端,其中的方舟 IR 对应着中端 IR,语言特性实现、优化即代码生成则是包含了中端部分的优化和后端部分。具体如图 3.1 所示。

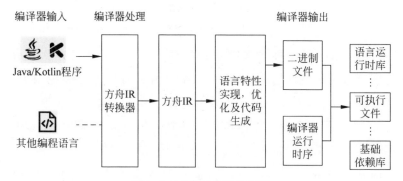

图 3.1 方舟编译器的架构

（图源：https://www.openarkcompiler.cn/document/frameworkDesgin）

3.2 方舟编译器源码目录

要深入了解方舟编译器，就必须研究方舟编译器所开源的代码。本节将对方舟编译器的源码目录做简要介绍，期望让读者能明白各个目录代码所做的工作。

3.2.1 一级目录

方舟编译器目前所开源的代码中，一级目录主要有 6 个：build、doc、license、samples、src 和 tools。

build 目录，该目录下主要是环境设置脚本和一些 build 所用的 Makefile。

doc 目录，该目录下保存着本次所开源的几个文档，文档的具体内容在 3.3 节方舟编译器文档中进行详细介绍。

license 目录，该目录为许可文件目录。方舟编译器采用的是"木兰宽松许可证（第 1 版）"。木兰宽松许可证是由北京大学作为国家重点研发计划"云计算和大数据开源社区生态系统"的子任务牵头单位，依托全国信标委云计算标准工作组和中国开源云联盟，联合国内开源生态圈产学研各界优势团队、开源社区，以及拥有丰富知识产权相关经验的众多律师，在对现有主流开源协议全面分析的基础上，共同起草、修订并发布的木兰系列开源许可证。

samples 目录，该目录为例子程序目录。本次发布公开了 6 个例子程序，分别是 exceptiontest、helloworld、iteratorandtemplate、polymorphismtest、rccycletest 和 threadtest。

src 目录，该目录为本次发布所公开的核心源码目录。

tools 目录，为编译和使用过程中所用到的其他工具所预留的目录，该目录后续将存放 LLVM、gn、Ninja。

在对方舟编译器开源代码的一级目录有了基本的了解之后，读者在阅读方舟编译器源码的过程中，就可以根据自己的需要，去寻找对应的目录。下文还将对方舟编译器的核心源码目录 src 目录进行更进一步地介绍。

3.2.2　src 目录介绍

方舟编译器所开源的源码，核心部分位于一级目录中的 src 目录下，该目录下有 12 个子目录。下面将分别对这 12 个子目录进行介绍。

bin 目录，该目录下是 4 个可执行文件，其中除了 maple 外的三个可执行文件,都要在创建的时候复制到 out/bin 目录下。

deplibs 目录,该目录下存放了 4 个库,是编译的时候需要依赖的库。其中的 libmempool.a、libmplphase.a 和 libmaple_driverutil.a 是编译 maple 所需要的,但是 src 目录下的 mempool 目录、mpl_phase 目录、mpl_util 目录都只有头文件,所以直接在源码里附上这几个库。

huawei_secure_c 目录,该目录下存放的是一些安全代码,主要是字符串操作、输入输出等,具体到函数就是 str_cat_s、str_cpy_s 等。

maple_driver 目录,这是 maple 可执行程序的主要源码所在的位置,它会调用其他以 maple_ 开头的目录的部分内容。从 BUILD.gn 中的代码可以看出,maple_driver/src 目录下的文件,共同编译成了 maple 可执行文件。同时,maple 可执行文件的编译依赖于 maple_ipa、maple_ir、maple_me 和 mpl2mpl 等,代码如下:

```
//第 3 章/BUILD.gn
executable("maple") {
  sources = [
    "src/compiler.cpp",
    "src/compiler_factory.cpp",
    "src/compiler_selector.cpp",
    "src/driver_runner.cpp",
    "src/file_utils.cpp",
    "src/jbc2mpl_compiler.cpp",
    "src/maple.cpp",
    "src/maple_comb_compiler.cpp",
    "src/mplcg_compiler.cpp",
```

```
      "src/mpl_options.cpp",
  ]

  cflags_cc += [ "-DOPTION_PARSER_EXTRAOPT" ]

  include_dirs = include_directories

  deps = [
    "${MAPLEALL_ROOT}/huawei_secure_c:libHWSecureC",
    "${MAPLEALL_ROOT}/maple_ipa:libmplipa",
    "${MAPLEALL_ROOT}/maple_ir:libmplir",
    "${MAPLEALL_ROOT}/maple_me:libmplme",
    "${MAPLEALL_ROOT}/maple_me:libmplmewpo",
    "${MAPLEALL_ROOT}/mpl2mpl:libmpl2mpl",
  ]
  libs = []
  libs += [
    "${OPENSOURCE_DEPS}/libmplphase.a",
    "${OPENSOURCE_DEPS}/libmempool.a",
    "${OPENSOURCE_DEPS}/libmaple_driverutil.a",
  ]
}
```

另外，该目录下的 src/maple.cpp 中的 main 函数，是 maple 可执行程序的入口。我们前文也提到过 maple 是 out/bin 目录下面的 4 个可执行程序中唯一一个根据源码编译出来的，所以我们要分析方舟的程序，绕不开这个目录及这个入口点。

maple_ipa 目录，该目录存放的是 interleaved_manager 和 module_phase_manager 的相关代码。phase 的文档中对这个目录有介绍："PhaseManager 负责 phase 的创建、管理和运行。与

phase 对应，有 ModulePhaseManager 和 MeFuncPhaseManager 两类。InterleavedManager 负责 phase manager 的创建、管理和运行。通过调用 AddPhases 接口，它将创建一个对应类型的 phase manager 并添加进 MapleVector 中，同时该 phase manager 相应的 phase 注册、添加也会自动被触发。"可以理解为此部分为 phase manager 的相关代码，以及具体 ModulePhase 类 phase 的运行框架部分。

maple_ir 目录，该目录是针对 maple 的 IR 的基本操作的相关代码，与 LLVM 针对 IR 的基本操作类似。主要是对 IR 进行基本分析，获取 IR 所要表达的信息，为之后的优化做准备。

maple_me 目录，该目录包含了有关 MeFuncPhase 类别的 phase 的框架及其具体内容，这是与 phase 相关的一部分。所有具体的 MeFuncPhase 的子类，都在该目录下实现。

mpl_phase 目录：是 maple 的 phase 的基本框架的代码，不包含具体的 phase 的代码。该目录只有头文件，没有源文件。关于 phase，在 doc 目录有两个关于 phase 的文档，可以从文档中获取一部分信息。

mpl_util 目录，推测是 maple 需要的一些 util，包括字符串、log、计时器、版本等内容。

mempool 目录，应该是内存池相关的代码，但是只有头文件，没有源文件。

mpl2mpl 目录，该目录包含了一些从 maple IR 到 maple IR 的转换，这种转换都是为了后续的 me 做准备。该目录下的主题内容是 ModulePhase 类别的 phase 的具体实现。

3.3 方舟编译器文档

方舟编译器目前所开源的文档共有 8 个,它们以 Markdown 的形式存在于开源代码目录中,位于开源主目录的 doc 目录下。这些文件根据中英文版本的区分,分别位于 cn 和 en 目录下。其中,英文文档有 8 个,它们对应的文件分别为 MapleIRDesign.md、Compiler_Phase_Description.md、Developer_Guide.md、Development_Preparation.md、Naive_RC_Insertion_Description.md、Programming_Specifications.md、RC_API.md 和 Vtable_Itable_Description.md。中文文档有 7 个,相比英文文档,缺少了 Maple IR 的设计文档对应的 MapleIRDesign.md,如图 3.2 所示。

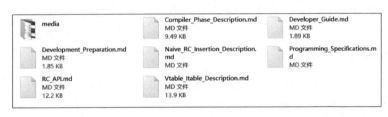

图 3.2 中文版文档

此外,cn 和 en 目录下还都有一个 media 目录,包含本目录下文档中的图片文件。

MapleIRDesign.md 文档是 Maple IR 的设计文档,该文档只有英文版本,目前还没有中文版本。由于 V0.2.1 版本的方舟编译器所开源的代码以 IR 为主,所以该文档是这次开源最重要的文档。

Development_Preparation.md 是环境配置文档,介绍方舟编译器进行编译之前所需要配备的软硬件环境。

Developer_Guide.md 是开发者指南,具体介绍方舟编译器源码及官方例子代码的编译。

Programming_Specifications.md 是方舟编译器 C++语言编程规范,作为后续开源社区为方舟编译器提交代码时审查的编码规范。

Compiler_Phase_Description.md 是方舟编译器 phase 设计介绍,方舟编译器的 phase 体系就是根据分析和优化的点,用一个个 phase 去实现,然后将这些 phase 组织起来实现整体的分析和优化。这里的 phase 很像 LLVM 的 pass,都是由 Manager 类来管理,然后去做分析或优化功能,最后都要重载核心的 run 函数。

Naive_RC_Insertion_Description.md 是朴素版 RC 操作插入原理文档,RC_API.md 是 RC API,这两个文档都是关于方舟编译器在内存管理中使用的引用计数。前者介绍了朴素版 RC 插入原理,方便理解朴素版的 RC 如何进行插入;后者则是介绍了方舟编译器的引用计数的 API,直接给出了 API 的列表。

Vtable_Itable_Description.md 是虚函数表和接口函数表设计介绍。方舟编译器会为每一个类生成一个虚方法表。在这个表中,会存储父类的虚方法,再加上子类的虚方法及实现的接口类的 default 方法。如果子类重载了父类的实现,那么在虚方法表中同样的位置,则会覆盖掉父类的方法。

综合而言,文档可以分为 3 类。第 1 类,环境配置文档(Development_Preparation.md)、开发者指南(Developer_Guide.md)和方舟编译器 C++语言编程规范(Programming_Specifications.md),

这类文档主要是在实际操作中作为手册去使用。第 2 类，朴素版 RC 操作插入原理文档（Naive_RC_Insertion_Description.md）、RC API（RC_API.md）及虚函数表和接口函数表设计文档（Vtable_Itable_Description.md）是局部功能性文档，针对方舟编译器里面的具体一块内容进行介绍。第 3 类，Maple IR 设计文档（MapleIRDesign.md）和 phase 设计文档（Compiler_Phase_Description.md），这是关于 Maple IR 及基于 Maple IR 进行优化和分析的 phase 体系介绍，是方舟编译器 V0.2.1 开源的主要内容，从整个方舟编译器的角度而言，也算是中端的核心内容。

3.4 方舟编译器的执行流程

方舟编译器的架构、源码目录和文档，可以视为方舟编译器总体情况静态的一面。而方舟编译器执行的流程，特别是以编译生成的可执行文件为粒度的执行流程，则展示了方舟编译器总体情况动态的一面。本部分内容将对方舟编译器基于可执行文件的执行流程进行简要分析。

方舟编译器编译完成之后，会生成一系列可执行文件，具体如图 3.3 所示。目前这些可执行文件位于开源代码主目录 OpenArkCompiler 之下的 out/bin 目录下。

目前编译生成的几个可执行文件，除了 irbuild 是作为一个相对独立的工具在使用外，剩余的可执行文件其实都代表了一个执行过程。java2jar 将 Java 文件转化为 jar 格式；jbc2mpl 将 Java bc

文件转换为 mpl 格式文件；maple 将 mpl 格式文件转换为方舟编译器汇编文件。同时，这几个可执行文件将会按顺序执行，如图 3.4 所示。

图 3.3　方舟编译器的可执行文件

图 3.4　方舟编译器可执行文件执行顺序

其中，maple 执行的时候，通过相关参数直接调用了 mplcg。maple 是方舟编译器执行的核心环节，maple 可执行文件的入口函数是位于 src/maple_driver/src/maple.cpp 中的 main 函数，代码如下：

```cpp
//第3章/maple.cpp
int main(int argc, char * * argv) {
  MplOptions mplOptions;
  int ret = mplOptions.Parse(argc, argv);
  if (ret == ErrorCode::kErrorNoError) {
    ret = CompilerFactory::GetInstance().Compile(mplOptions);
  }
  PrintErrorMessage(ret);
  return ret;
}
```

main 函数直接调用了 CompilerFactory::GetInstance()，然后调用其返回实例的 Compile 方法。CompilerFactory 类定义和实现位于 src/maple_driver/include/compiler_factory.h 和 src/maple_driver/src/compiler_factory.cpp 这两个文件中。CompilerFactory 是编译器工厂类，其在 compiler_factory.cpp 中的构造函数调用了 ADD_COMPILER，代码如下：

```cpp
//第 3 章/compiler_factory.cpp
CompilerFactory::CompilerFactory() {
  // Supported compilers
  ADD_COMPILER("jbc2mpl", Jbc2MplCompiler)
  ADD_COMPILER("me", MapleCombCompiler)
  ADD_COMPILER("mpl2mpl", MapleCombCompiler)
  ADD_COMPILER("mplcg", MplcgCompiler)
  compilerSelector = new CompilerSelectorImpl();
}
```

其中调用了 ADD_COMPILER。ADD_COMPILER 是定义在 compiler_factory.cpp 文件中的宏，代码如下：

```cpp
#define ADD_COMPILER(NAME, CLASSNAME) \
  do  { \
    Insert((NAME), new (CLASSNAME)((NAME))); \
  } while (0);
```

结合二者可以看到，CompilerFactory 中涉及了 4 个编译器，其名称分别是：jbc2mpl、me、mpl2mpl、mplcg。而这 4 个编译器，在其实现上则整合为了 3 个编译器类，分别是：Jbc2MplCompiler、MapleCombCompiler 和 MplcgCompiler。这 3 个类，都是 Compiler 的子类。这 3 个类及 Compiler 类的声明都在 src/maple_driver/

include/compiler.h 中,而其实现都有独立的 cpp 文件。Compiler 的实现在 src/maple_driver/src/compiler.cpp;Jbc2MplCompiler 的实现在 src/maple_driver/src/jbc2mpl_compiler.cpp;MapleCombCompiler 的实现在 src/maple_driver/src/maple_comb_compiler.cpp;MplcgCompiler 的实现在 src/maple_driver/src/mplcg_compiler.cpp 中。

ADD_COMPILER 宏中涉及的 Insert 是 CompilerFactory 的成员函数,代码如下:

```
void CompilerFactory::Insert(const std::string &name, Compiler *value) {
  supportedCompilers.insert(make_pair(name, value));
}
```

所以,可以得知 CompilerFactory 的构造函数,通过一系列的 ADD_COMPILER 宏去调用 Insert 成员函数,将 4 个编译器及其对应的 3 个实现类都添加到 CompilerFactory 的 supportedCompilers 中。这时候 CompilerFactory 就承担了一个统领全局的角色。

回到 main 函数中直接调用的 CompilerFactory::GetInstance 成员函数,代码如下:

```
CompilerFactory &CompilerFactory::GetInstance() {
  static CompilerFactory instance;
  return instance;
}
```

它其实就是获取了一个 CompilerFactory 的实例。main 函数调用返回实例的 CompilerFactory::Compile 方法,代码如下:

```cpp
//第3章/compiler_factory1.cpp
ErrorCode CompilerFactory:: Compile ( const MplOptions
&mplOptions) {
std::vector < Compiler * > compilers;
   ErrorCode ret = compilerSelector -> Select (supportedCompilers,
mplOptions, compilers);
  if (ret != ErrorCode::kErrorNoError) {
    return ret;
  }

  for (auto *compiler : compilers) {
     if (compiler == nullptr) {
LogInfo::MapleLogger() << "Failed! Compiler is null." << "\n";
      return ErrorCode::kErrorCompileFail;
    }
    ret = compiler -> Compile(mplOptions, this -> theModule);
    if (ret != ErrorCode::kErrorNoError) {
      return ret;
    }
  }

  if (!mplOptions.HasSetSaveTmps () || !mplOptions.GetSaveFiles().
empty()) {
std::vector < std::string > tmpFiles;
    for (auto *compiler : compilers) {
      compiler -> GetTmpFilesToDelete(mplOptions, tmpFiles);
    }
     ret = DeleteTmpFiles (mplOptions, tmpFiles, compilers.at
(compilers.size() - 1) -> GetFinalOutputs(mplOptions));
  }
  return ret;
}
```

上述代码中,根据 mplOptions 选择 supportedCompilers 列表中的编译器,并将它们放到 compilers 中,然后执行 compilers 中的每个编译器的 Compile 方法,这时候 maple 的主要执行流程就逐渐清晰了,根据获取的参数选择 4 个编译器中需要执行的编译器,然后根据参数运行编译器的 Compile 方法。

继续深入读 4 个编译器的 3 个实现类 Jbc2MplCompiler、MapleCombCompiler 和 MplcgCompiler 及它们的父类 Compiler 的实现代码,可以得知:名为 jbc2mpl 的编译器,对应实现类 Jbc2MplCompiler,直接调用了源码中自带的编译好的可执行文件;名为 mplcg 的编译器,对应实现 MplcgCompiler,直接调用了源码中自带的编译好的可执行文件 mplcg;而编译器名为 me 和 mpl2mpl,对应实现类 MapleCombCompiler,其代码才是这次公开源码的主要部分,MapleCombCompiler 的内部实现在后续会进行更深入地分析。换句话说,只要给定合适的参数,通过可执行文件 maple 可以调用可执行文件 jbc2mpl 和 mplcg。这也是在方舟编译器的例子编译过程中,没有单独去调用可执行文件 mplcg,而是通过可执行文件 maple 的参数设置去内部调用了可执行文件 mplcg 的原因。

总体而言,方舟编译器的 4 个可执行文件:java2jar、jbc2mpl、maple、mplcg,它们 4 个可以代表着不同的 4 个环节。与此同时,maple 则可以在内部采用参数的形式去调用 jbc2mpl 和 mplcg。maple 内部的组织形式则是通过编译器工厂这种设计模式,通过不同的编译器处理不同的环节来完成整体的工作。

第 4 章

中间表示

中间表示的英文全称是 intermediate representation，通常缩写为 IR。IR 是编译器设计与实现中的重要一环，IR 设计的优秀与否决定着整个编译器的好坏。本部分内容将从 IR 简介开始，对三地址码和 SSA 两种经典的 IR 进行介绍。

4.1 IR 简介

IR 是程序在从源语言转化为目标语言过程之中的一种表现形式，编译器的大多数处理都是基于它进行的，它是编译器的设计与实现中的重要一环。它甚至可以决定编译器能对代码做什么。

IR 的出现源于编译器设计结构的发展，编译器随着发展出现了前端、中端和后端这种结构，这种结构能快速地支撑新的程序语言或者新的目标平台。在这种结构下，新增对程序语言的支持，只需要设计一个新的前端；新增对目标平台的支持，只需要设计一个新的后端，其他内容不需要更改。这种模块化设计大大地减少了开发工作量。如图 4.1 所示，Clang C/C++/ObjC、llvm-gcc、GHC

这几个前端分别针对 C、Fortran 和 Haskell 这几种语言,它们将这几种语言转换成了 LLVM IR。LLVM Optimizer 在 LLVM IR 层面上进行优化,同时仍然输出 LLVM IR。LLVM X86、LLVM PowerPC、LLVM ARM 这几个后端,对应 X86、PowerPC 和 ARM 这几个后端,它们负责将 LLVM IR 转换为自身对应平台的目标语言。

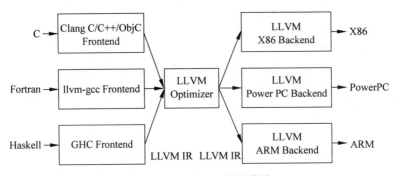

图 4.1　LLVM 三段设计图

(图源:http://www.aosabook.org/en/llvm.html)

IR 位于编译器的前端和后端之间,是前端和后端的连接桥梁,它和附加在它之上的一些操作,有时候会被称作编译器的中端。中间表示也分割了编译器前端和后端之间功能,使得前端主要关注源程序语言和中间表示之间的转换,而后端关注中间表示和目标语言的转换。编译器的后端是无法看到程序源码,只能看到 IR 及其衍生物。同时,将目标平台无关的优化操作放到 IR 本身,形成了编译器中的中端。

一个编译器可以有唯一的 IR 表示,也可以有一系列的 IR,即多层 IR 表示。多层 IR,通常有高层 IR 和低层 IR。高层 IR 往往更加接近源程序语言,具有层次结构,很适合进行静态类型检查等工作;低层 IR 往往更加接近目标机器语言,更加扁平化,适合于进行寄存器分配和指令分配等工作的开展。在现实的编译器实现中,Open64 和方舟编译器都采用了多层 IR 设计;LLVM 则采用了单层 IR 设计。

4.2 三地址码

三地址码的英文名字是 three-address code,是中间表示的一种形式,它的指令通常由两个操作数、一个结果和一个操作码构成。三地址码是线性 IR 的一种,除此之外还有单地址码和双地址码。与线性 IR 对应的还有图 IR,这些 IR 的表达方式共同构成了 IR 体系。本部分内容主要聚焦于最常用的三地址码。

现在以具体的语句为例子,查看具体的三地址码形式。举一个简单的例子,代码如下:

```
m = (a + b) * c / d;
```

其对应的三地址码,代码如下:

```
t1 = a + b;
t2 = t1 * c;
t3 = t2 / d。
```

除了上述例子的三地址码所涉及的几种三地址码指令。三地址码的指令常见形式还有几种,代码如下:

第4章 中间表示

```
//第4章/three_address.c
x = y op z;
x = op y;
x = y;
goto L;
if x goto L;
if x relop y goto L;
return y;
x = y[i];
```

三地址码在编译器的具体使用中，通常会采用四元组或者三元组的形式进行存储。四元组通常分为 op、arg1、arg2 和 result 几个项，其中 op 用来存储三地址码的操作码，arg1 和 arg2 用来存储三地址码的两个操作数，result 用来存储三地址码中的计算结果。有的代码的三地址码只有一个操作数，那么 arg2 可以空着。

下面通过具体的例子展示三地址码所对应的四元组和三元组。构建三地址码例子2，代码如下：

```
t1 = a + b;
t2 = c * t1;
t3 = t2 -- ;
t4 = t3;
```

上述三地址码例子2所对应的四元组如表4.1所示。

表4.1　三地址码例子2所对应的四元组

序号	op	arg1	arg2	result
1	+	a	b	t1
2	*	c	t1	t2
3	--	t2		t3
4	=	t3		t4

三元组的实现方式与四元组差别不太大，其区别只是三元组取消了 result 数据项，而直接通过对指令的索引，直接将指令运算结果当作操作数进行运算。上述三地址码例子 2 所对应的三元组，具体如表 4.2 所示。

表 4.2　三地址码例子 2 所对应的三元组

序号	op	arg1	arg2
1	+	a	b
2	*	c	(1)
3	--	(2)	
4	=	(3)	

四元组和三元组都属于三地址码的实现方式。实际上三地址码作为一种 IR，比较有利于进行分析和优化。所以，它在编译器的实际操作中常常会用到。

4.3　SSA

SSA 是静态单赋值形式的简称，英文全称是：static single-assignment form。SSA 是另外一种常用的中间表示形式，广泛应用于各种编译器的 IR 设计中。

SSA 和三地址码存在一定的区别。区别主要有两点：第一，SSA 中所有的赋值都是针对不同名字的变量进行赋值，不会对同一个名字的变量进行两次赋值；第二，为了解决同一个变量在不同的程序分支中使用了不同名字的问题，引入了 φ 函数来对同一个变量的不同分支的值进行合并。φ 函数在由非 SSA IR 构建 SSA IR 的时候，是一个非常重要的问题。

下面用具体例子来表述一下，属于三地址码但是不属于 SSA 的情况，代码如下：

```
t1 = a + b;
t1 = t1 * c;
t3 = t1 / d;
```

这是因为 t1 被定义了两次，所以不属于 SSA，但是属于三地址码。既属于三地址码又属于 SSA 的情况，代码如下：

```
t1 = a + b;
t2 = t1 * c;
t3 = t2 / d;
```

这里的 t1、t2、t3 都只定义了一次，符合 SSA 的要求。

SSA 的构建是 IR 操作中很重要的一环，本部分不做详细介绍，在后续内容中会结合实际的代码进行讨论。

本章简单介绍了中间表示的基本理论，后续将在此部分的基础之上进行代码分析。中间表示的基本理论，也是编译原理等相关课程的核心内容，本部分只是做了简要介绍，如果读者对本部分内容理解得不太透彻，可以参考相关的编译原理教材。

第 5 章

方舟编译器 IR 的设计与实现

方舟编译器设计了自己的 IR 体系,将其称为 Maple IR,简称 MIR。MIR 是多层 IR 设计,其体现了目前编译器 IR 设计的发展方向及思路。本章将就 Maple IR 的设计、结构、实现等方面进行分析和介绍。

5.1　Maple IR 设计的起源与思想

根据方舟编译器技术沙龙所披露的 PPT 内容,Maple IR 的设计起源于 Fred Chow 大一统思想:A standard for universal IR that enables target-independent program binary distribution and is usable internally by all compilers may sound idealistic,but it is a good cause that holds promise for the entire computing industry。

其中,还提到了 Fred Chow 的一篇关键的论文 *The increasing significance of intermediate representations in compilers* (https://queue.acm.org/detail.cfm?id=2544374)。

第 5 章 方舟编译器 IR 的设计与实现

Fred Chow 在该论文中提出了一个支持多语言和多目标平台的编译系统,这个系统支持多语言和多目标平台,其架构如图 5.1 所示。

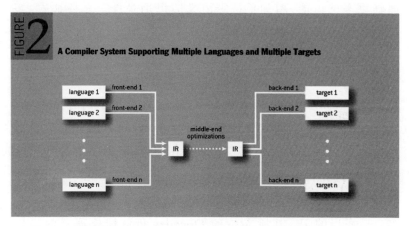

图 5.1 支持多种语言和多目标平台的编译系统

(图源:Fred Chow,*The increasing significance of intermediate representations in compilers*,P2)

现在越来越多的多语言和多目标平台采用类似的架构,比较著名的如 LLVM、Open64 等。所以,方舟编译器的 Maple IR 起源于 Fred Chow 的这个思想,也是和其支持多语言多目标平台的定位完全结合在一起的。

另外,Maple IR 的设计采用了多层 IR 设计。多层 IR 设计也是近年来编译器 IR 设计的一个重要发展方向。在方舟编译器之前,Open64 就采用了多层 IR 设计。不得不提,Fred Chow 在 Open64 设计中,也是核心人物。

多层 IR 设计有着诸多优点,将其简单归纳可以分为以下几点：可以提供更多的源程序信息；IR 表达上更加灵活，更方便优化；使得优化算法更加高效；可以将优化算法的负面影响降到最低。但是，IR 设计也有缺点：底层 IR 的优化器将面临更多的可能，增加了特定语义的识别难度。总体而言，多层 IR 的设计还是利大于弊的，所以多层 IR 设计也逐渐成为一种趋势。

方舟编译器的多层 IR 设计，其思想可以简单地总结为 3 点。第一，高层 IR 更接近于源程序，包含了更多的程序信息；底层 IR 更接近于目标平台的机器指令，甚至有的时候和机器指令是一对一的关系。第二，高层 IR 保留了程序语言的层次结构，和目标机器平台无关；底层 IR 更加扁平化，依赖具体的目标平台。第三，越高层次的 IR，其所支持的 Opcodes 越多；最底层的 IR，其所支持的 Opcodes 和目标处理器的操作是一对一的。

但是，方舟编译器目前的多层 IR 设计还存在一个比较重要的缺陷，那就是并没有明确地提出多层 IR 之间的分层和衔接。Open64 的多层 IR 体系，称为 WHIRL IR，其有明确的分层和各层之间的衔接，甚至包含了每层要做的操作。WHIRL IR 用一张图表达了这些信息，如图 5.2 所示。

这种统一地按照层次去介绍 IR 的分层及体系的内容，在方舟编译器之中还是个空缺。从目前的代码中，也无法看出明确的分层。这一点也是方舟编译器在后续发展中必须要解决的问题，否则无法理清楚多层 IR 的设计体系，不利于学习和社区发展。

第 5 章 方舟编译器 IR 的设计与实现

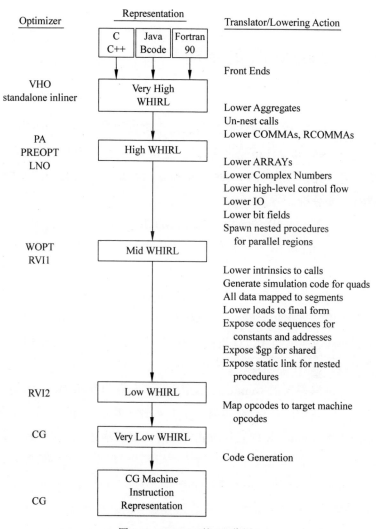

图 5.2 Open64 的 IR 分层

(图源：Open64 Compiler WHIRL Intermediate Representation, P7)

5.2 Maple IR 的结构

从 Maple IR 的设计起源与思想中可以找到 Maple IR 的设计精髓,在理解其设计精髓之后,对其更进一步地了解则需要深入分析其具体结构及其代码实现。本部分内容将对 Maple IR 的结构进行简要分析。

理解 Maple IR 的结构,需要从 Maple IR 在方舟编译器中的位置入手。Maple IR 在方舟编译器的架构图中位于核心位置,上接方舟 IR 转换器(也就是我们所讲的传统意义上的编译器前端),向下面向语言特性实现、优化及代码生成(即我们传统意义上讲的编译器的中端优化和后端)。其结构和过程如图 5.3 所示,图中用红色圆圈圈出了方舟 IR,这里的方舟 IR 和 Maple IR 指的是同样的内容,只是称呼不同,后续不再区分。

方舟编译器的 Maple IR 文档,并没有专门介绍 IR 结构的部分,在文档中有一个相近的部分叫 Program Representation。这部分描述了 Maple IR 的表达方式。按照文档的描述,Maple IR 采用类似 C 语言的形式(并不遵循 C 的语法),将 IR 分为声明语句(declaration statements)和执行语句(executable statements)两部分,前者表达符号表信息,后者表达要执行的具体程序代码。

在结构方面,结构的最顶层,每个 Maple IR 文件对应一个 CU (Compilation Unit,编译单元),每个 Maple IR 文件由全局的声明组成。这些声明内部是函数,或者叫 PUs(Program Units)。在

第5章 方舟编译器 IR 的设计与实现

PUs 内部是局部范围的声明和紧随其后的函数执行代码。而 Maple 的 IR 中的可执行节点又分为 Leaf nodes（叶节点）、Expression nodes（表达式节点）和 Statement nodes（语句节点）。具体结构如图 5.4 所示。

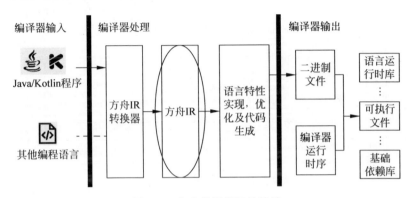

图 5.3 方舟编译器架构设计

（图源：https://www.openarkcompiler.cn/document/frameworkDesgin(有修改)）

叶节点、表达式节点和语句节点一起构建了一个节点体系。叶节点通常也称为终端节点（terminal nodes），这些节点通常在运行时直接展示了一个具体的值，这个值可以是常量或者一个在存储单元里的值。表达式节点通常是表达一个对其操作数的操作，这个操作是为了计算一个结果，而它的操作数可以是一个叶节点或者是其他的表达式节点。表达式节点其实是表达式树中的内部节点，并且表达式节点的类型域里会给出表达式节点操作结果的类型。语句节点主要用来表示控制流。语句的执行是从函数的入口开始，顺序逐条执行语句，直到遇到控制流语句。语句不光可以用来修改控制流，还可以修改程序中的数据存储。语句节点的操作数可以是叶节点、表达式节点和语句节点。

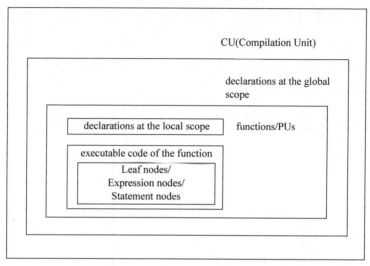

图 5.4 Maple IR 的文件结构

所以,将这三类节点的关系可以简单地理解为:语句节点可以包含自身、表达式节点和叶节点;表达式节点可以包含自身和叶节点;叶节点可以包含自身。具体如图 5.5 所示。

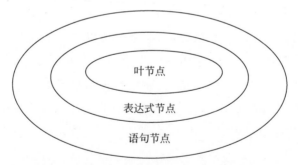

图 5.5 叶节点、表达式节点和语句节点的关系

至此,我们对 Maple IR 在方舟编译器体系结构中的位置,以及 Maple IR 本身的结构及其内部要素已经有了一个比较清

晰的认识，下一步将从代码实现的角度来认识 Maple IR 的结构。

5.3 Maple IR 结构表示代码

Maple IR 结构的表示代码，通常根据其层面的不同，涉及如下几个常用的类：MIRModule 类、MIRFunction 类、BaseNode 类等。

MIRModule 类是用来表示 Maple IR 的 module 的相关信息，对应着 Maple IR 结构中的编译单元（CU），所有 module 相关的信息和操作都在该类中定义。该类的定义和实现在源码中位于 src/maple_ir/include/mir_module.h 和 src/maple_ir/src/mir_module.cpp 中。

MIRFunction 类用来表示 Maple IR 的 function 的相关信息，对应着 Maple IR 结构中的 function，是 module 的下一层结构，它包含了 function 相关的信息和操作。该类的定义和实现在源码中位于 src/maple_ir/include/mir_function.h 和 src/maple_ir/src/mir_function.cpp 中。

BaseNode 类是 Maple IR 中节点类的父类，所有的各个类型的节点类都继承自它或者它的子类。BaseNode 类及其子类通常对应一个表达式或者一个语句，是 Maple IR 中 function 下一层结构，属于 function 的一部分。BaseNode 与子类所对应的节点类构成的节点体系，正是结构中的节点体系的实现。BaseNode 类的定义和实现是在 src/maple_ir/include/mir_nodes.h 和 src/maple_ ir/src/mir_nodes.cpp 中。

MIRModule、MIRFunction 和 BaseNode 的众多子类，一起构成了 Maple IR 代码实现层面上的一个基本结构，对应上文所介绍的 Maple IR 的结构中的内容。

5.4　Maple IR 中的基本类型的设计与实现

基本类型系统是 IR 设计中需要重点考虑的内容，也是 IR 中的重要元素，它直接决定着整个 IR 的类型表达体系。本部分内容将对 Maple IR 基本类型的设计与实现进行简要介绍。

5.4.1　基本类型的设计

Maple IR 的官方文档 *Maple IR Design* 中，对基本类型进行了系统描述。具体如下：

- no type -void
- signed integers -i8，i16，i32，i64
- unsigned integers -u8，u16，u32，u64
- booleans-u1
- addresses -ptr，ref，a32，a64
- floating point numbers -f32，f64
- complex numbers -c64，c128
- JavaScript types：
    - ■ dynany

- dynu32
- dyni32
- dynundef
- dynnull
- dynhole
- dynbool
- dynptr
- dynf64
- dynf32
- dynstr
- dynobj

• SIMD types -(to be defined)

• unknown

Maple IR 将其基本类型分为 10 类，分别是：空类型（no type）、符号整型（signed integers）、无符号整型（unsigned integers）、布尔类型（booleans）、地址类型（addresses）、浮点数类型（floating point numbers）、复杂数（complex numbers）、JavaScript 类型（JavaScript types）、SIMD types 和 unknown 类型。

这里需要专门把 JavaScript 类型进行单独介绍。方舟编译器的设计初衷是要支持多语言和多目标平台，其多语言支持计划中就包含了对 JavaScript 的支持。而 Maple IR 中专门预留了一系列的 JavaScript 类型，想必是为了支持 JavaScript。但是，在支持多语言的编译器 IR 设计中，专门为某种语言设计一类专有的基本类型这种操作，并不常见。因为这种语言专用的基本类型，对于其他语言来讲都是冗余信息，而且随着语言的增多，语言专用的基本类型可能会越来越多，那么发展到最后 IR 的基本体系就会变得繁复无比，失去了多语言 IR 的优势，从而变成了多个语言的 IR 的简单合并。目前，方舟编译器还未能支持 JavaScript 语言，所以不清楚是什么原因导致这种设计，只能对 Maple IR 的基本类型演进保持关注。

Maple IR 的基本类型，在代码中也有列表呈现，位于 src/maple_ir/include/prim_types.def 中，代码如下：

```
//第5章/prim_types.def
PRIMTYPE(void)
PRIMTYPE(i8)
PRIMTYPE(i16)
PRIMTYPE(i32)
PRIMTYPE(i64)
PRIMTYPE(u8)
PRIMTYPE(u16)
PRIMTYPE(u32)
PRIMTYPE(u64)
PRIMTYPE(u1)
PRIMTYPE(ptr)
PRIMTYPE(ref)
PRIMTYPE(a32)
PRIMTYPE(a64)
PRIMTYPE(f32)
PRIMTYPE(f64)
PRIMTYPE(f128)
PRIMTYPE(c64)
PRIMTYPE(c128)
#ifdef DYNAMICLANG
PRIMTYPE(simplestr)
PRIMTYPE(simpleobj)
PRIMTYPE(dynany)
PRIMTYPE(dynundef)
```

第 5 章 方舟编译器 IR 的设计与实现

```
    PRIMTYPE(dynnull)
    PRIMTYPE(dynbool)
    PRIMTYPE(dyni32)
    PRIMTYPE(dynstr)
    PRIMTYPE(dynobj)
    PRIMTYPE(dynf64)
    PRIMTYPE(dynf32)
    PRIMTYPE(dynnone)
#endif
    PRIMTYPE(constStr)
    PRIMTYPE(gen)
    PRIMTYPE(agg)
    PRIMTYPE(unknown)
```

PRIMTYPE(agg)这个列表中的基本类型和文档 *Maple IR Design* 中的基本类型列表中的基本类型并不相同。prim_types.def 里定义的基本类型和文档中所描述的基本类型对比起来有几点问题：代码里定义了 f128，文档中并没有 f128；代码里定义了 simplestr、simpleobj、dynnone、constStr、gen 和 agg，但是文档中并没有定义这几个基本类型；文档中为 JavaScript 类型定义了 dynu32、dynhole、dynptr，但是代码中没有定义这 3 个基本类型。所以，代码和文档之中的基本类型定义，在主题内容相同的情况下，还存在着部分差异。如图 5.6 所示，文档和源码相同的部分，就是两个椭圆公共的交集部分，这部分内容进行了省略，剩余两个椭圆自有的部分则是两个部分的差异。其整体情况如图 5.7 所示。

这种文档和源码出现差异的情况，比较大的概率是因为方舟编译器刚刚开源，支持的程序语言和目标平台还比较单一，没有对 Maple IR 进行更多打磨，否则不会出现这种情况。在方舟编译器未来的发展过程中，这两者对于基本类型的描述，必然会趋于统一，变成完全一致的内容。而现阶段，在文档和代码有冲突的情况下，我们只能以代码为准。

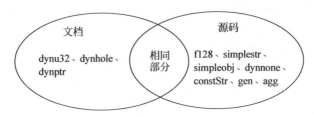

图 5.6　文档和源码中基本类型的差异

5.4.2　Maple IR 基本类型的实现

Maple IR 基本类型的代码实现，主要涉及基本类型的定义文件 prim_types.def、结构体 PrimitiveTypeProperty 和 PrimitiveType 类。

1. prim_types.def 分析

基本类型的定义文件 prim_types.def 位于 src/maple_ir/include/ 目录之下，其主要内容是通过宏 PRIMTYPE(P) 列出的基本类型列表。具体内容在上文介绍代码的基本类型时已经有引用，代码如下：

```
PRIMTYPE(void)
PRIMTYPE(i8)
PRIMTYPE(i16)
PRIMTYPE(i32)
PRIMTYPE(i64)
```

同时，在该文件中，还为每个基本类型定义了一个结构体

PrimitiveTypeProperty 类型的静态常量,内容主要是类型的类别和属性,这和后面要介绍的 PrimitiveTypeProperty 结构体要结合起来看。以 i8 为例,其用 PTY_i8 表示其类型,true 表示的是其为整型,这些信息都可以从其对应的注释中看出。例如 PTY_i8 对应的注释是 type,true 对应的注释是 isInteger,其他的内容也是类型情况,代码如下:

```
//第 5 章/prim_types1.def
static const PrimitiveTypeProperty PTProperty_i8 = {
  /* type = */PTY_i8, /* isInteger = */true, /* isUnsigned =
*/false, /* isAddress = */false, /* isFloat = */false,
  /* isPointer = */false, /* isSimple = */false, /* isDynamic =
*/false, /* isDynamicAny = */false, /* isDynamicNone = */false
};
```

2. 结构体 PrimitiveTypeProperty

结构体 PrimitiveTypeProperty 定义位于 src/maple_ir/include/cfg_primitive_type.h 中。这个文件中除了定义该结构体之外,还定义了枚举 PrimType,以及 GetPrimitiveTypeProperty 函数的声明。

结构体 PrimitiveTypeProperty 的定义不复杂,除了一个 PrimType 类型的变量 type,就是一系列的 bool 值,用来标明 type 的一些基本属性,代码如下:

```
//第 5 章/cfg_primitive_type.h
struct PrimitiveTypeProperty {
  PrimType type;
```

```
    bool isInteger;
    bool isUnsigned;
    bool isAddress;
    bool isFloat;
    bool isPointer;
    bool isSimple;
    bool isDynamic;
    bool isDynamicAny;
    bool isDynamicNone;
};
```

其中枚举 PrimType 中包含了所有的基本类型，但是并没有直接在内部列出来，而是通过定义宏 PRIMTYPE(P) 并且包含 prim_types.def 的形式来实现的，代码如下：

```
//第5章/cfg_primitive_type1.h
enum PrimType {
  PTY_begin,                        // PrimType begin
# define PRIMTYPE(P) PTY_##P,
# include "prim_types.def"
  PTY_end,                          // PrimType end
# undef PRIMTYPE
};
```

在文件 src/maple_ir/include/cfg_primitive_type.h 中，还声明了 GetPrimitiveTypeProperty 函数，但是 cfg_primitive_type.h 及 src/maple_ir/include/prim_types.h 没有专门对应的 cpp 文件。所以，该函数的具体实现在 src/maple_ir/src/mir_type.cpp 中，这个函数返回的就是基本类型所对应的 PTProperty_##P。而 PTProperty_##P 这个静态常量的实现，则以列表的形式和基本类型一起在 prim_types.def 文件中。所返回的静态常量，也是为

了表示基本类型和基本类型的属性,代码如下:

```
//第 5 章/cfg_primitive_type2.h
const PrimitiveTypeProperty &GetPrimitiveTypeProperty ( PrimType pType) {
  switch (pType) {
    case PTY_begin:
      return PTProperty_begin;
#define PRIMTYPE(P) \
    case PTY_##P: \
      return PTProperty_##P;
#include "prim_types.def"
#undef PRIMTYPE
    case PTY_end:
    default:
      return PTProperty_end;
  }
}
```

3. PrimitiveType 类

PrimitiveType 类的定义位于 src/maple_ir/include/prim_types.h 中,该头文件专属于 PrimitiveType 类,没有其他的内容。PrimitiveType 类中只有一个私有成员变量,是 PrimitiveTypeProperty 类型的变量。所有的成员函数,其功能是获取 PrimitiveTypeProperty 类型的成员变量内的相关数值,代码如下:

```
//第 5 章/prim_types.h
class PrimitiveType {
 public:
   // we need implicit conversion from PrimType to PrimitiveType, so
   //there is no explicit keyword here.
```

```cpp
PrimitiveType(PrimType type) : property(GetPrimitiveTypeProperty(type)) {}
~PrimitiveType() = default;

PrimType GetType() const {
    return property.type;
}

bool IsInteger() const {
    return property.isInteger;
}
bool IsUnsigned() const {
    return property.isUnsigned;
}
bool IsAddress() const {
    return property.isAddress;
}
bool IsFloat() const {
    return property.isFloat;
}
bool IsPointer() const {
    return property.isPointer;
}
bool IsDynamic() const {
    return property.isDynamic;
}
bool IsSimple() const {
    return property.isSimple;
}
bool IsDynamicAny() const {
    return property.isDynamicAny;
}
bool IsDynamicNone() const {
    return property.isDynamicNone;
```

```
    }

  private:
    const PrimitiveTypeProperty &property;
};
```

代码较为简单,等于将之前的基本类型相关的内容,都封装在这个类里,通过这个类可以表示一个基本类型的所有相关信息,并且可以进行读取操作。一个基本类型的所有信息也不多,主要是基本类型的具体类型和相关属性。

本节通过 prim_types.def、cfg_primitive_types.h 和 prim_types.h 三个文件的内容,以及部分 mir_types.cpp 的内容,介绍了 Maple IR 的基本类型的具体实现。而这些具体实现,最终都封装到了 PrimitiveType 类中,以 PrimitiveType 类去实现具体的基本类型的相关操作。所以,也可以简单地将 PrimitiveType 类直接视为是 Maple IR 基本类型的实现。

5.5　Maple IR 中的控制流语句的设计与实现

控制流语句也是 Maple IR 中的重要构成部分,它影响着 Maple IR 的程序的执行流程。程序的控制流是通过层次型语句或者平坦型语句列表来展现的,所以 Maple IR 的控制流语句分为两种:Hierarchical control flow statements 和 Flat control flow statements。前者更接近源程序,后者更加接近机器指令。所以在多层的 IR 设计体系之中,前者多用在高层次的 IR 中,后者多用在低层次的 IR 中。

5.5.1 控制流语句的设计

Maple IR 的设计中,将控制流语句分为 Hierarchical control flow statements 和 Flat control flow statements 两种。按照文档 *Maple IR Design* 的描述,Hierarchical control flow statements 有:doloop、dowhile、foreachelem、if 和 while;而 Flat control flow statements 有:brfalse、brtrue、goto、multiway、return、switch、rangegoto 和 indexgoto。

然而,源码中关于控制流语句的分类,却和文档之中所介绍的有一些差异。文件 src/maple_ir/include/opcodes.def 中包含了 opcode 列表,其中控制流语句相关内容也在其中,代码如下:

```
//第 5 章/opcodes.def
// hierarchical control flow opcodes
OPCODE(block, BlockNode, (OPCODEISSTMT | OPCODENOTMMPL), 0)
OPCODE(doloop, DoloopNode, (OPCODEISSTMT | OPCODENOTMMPL), 0)
OPCODE(dowhile, WhileStmtNode, (OPCODEISSTMT | OPCODENOTMMPL), 0)
OPCODE(if, IfStmtNode, (OPCODEISSTMT | OPCODENOTMMPL), 0)
OPCODE(while, WhileStmtNode, (OPCODEISSTMT | OPCODENOTMMPL), 0)
OPCODE(switch, SwitchNode, (OPCODEISSTMT | OPCODENOTMMPL), 8)
OPCODE(multiway, MultiwayNode, (OPCODEISSTMT | OPCODENOTMMPL), 8)
OPCODE ( foreachelem, ForeachelemNode, ( OPCODEISSTMT | OPCODENOTMMPL), 0)

// flat control flow opcodes
OPCODE(goto, GotoNode, OPCODEISSTMT, 8)
OPCODE(brfalse, CondGotoNode, OPCODEISSTMT, 8)
OPCODE(brtrue, CondGotoNode, OPCODEISSTMT, 8)
```

```
OPCODE(return, NaryStmtNode, (OPCODEISSTMT | OPCODEISVARSIZE |
OPCODEHASSSAUSE), 0)
OPCODE(rangegoto, RangeGotoNode, OPCODEISSTMT, 8)
```

根据上述代码，switch、multiway 不属于 flat control flow statements，而属于 hierarchical control flow statements。同时，indexgoto 这个控制流语句在代码之中根本没出现，目前开源的所有代码中都没有它的相关内容，疑似在文档中设计了此控制流语句之后并没有在实际之中使用。

5.5.2 控制流语句的实现

每一个控制流语句都有对应的节点类，这些节点类一起构成了控制流语句的实现体系。控制流语句的实现其实是语句实现中的一部分，所以控制流语句的实现体系，也是语句的实现体系的一部分。接下来则逐个介绍控制流语句的实现类，并且会用图展现这些类之间的继承关系。

根据文档的分类，hierarchical control flow statements 有 doloop、dowhile、foreachelem、if 和 while。其中 doloop 对应的节点类是 DoloopNode 类，它继承于 StmtNode 类。dowhile 和 while 对应着同一个节点类 WhileStmtNode，WhileStmtNode 继承自 UnaryStmtNode，UnaryStmtNode 继承自 StmtNode 类。foreachelem 对应的节点类为 ForeachelemNode，ForeachelemNode 继承自 StmtNode 类。if 语句对应的节点类为 IfStmtNode，IfStmtNode 继承自 UnaryStmtNode。这几个节点类及其父类，其继承关系如图 5.7 所示，这几个节点类都是 StmtNode 或者其子类 UnaryStmtNode 的子类，而 StmtNode 类是继承于 BaseNode 和 PtrListNodeBase。

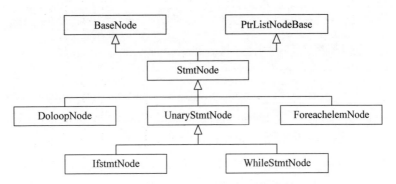

图 5.7 hierarchical control flow statements 实现类及继承关系

flat control flow statements 有 brfalse、brtrue、goto、multiway、return、switch、rangegoto 和 indexgoto。其中，brfalse 和 brtrue 对应的节点类是 CondGotoNode，CondGotoNode 继承于 UnaryStmtNode 类。goto 对应的节点类是 GotoNode，GotoNode 继承于 StmtNode 类。multiway 对应的节点类是 MultiwayNode，MultiwayNode 继承于 StmtNode 类。return 对应的节点类是 NaryStmtNode，它继承于 StmtNode 和 NaryOpnds。switch 对应的节点类是 SwitchNode，SwitchNode 继承自 StmtNode 类。rangegoto 对应的节点类是 RangegotoNode，RangegotoNode 继承自 UnaryStmtNode 类。indexgoto 并没有在源码之中使用过，所以也没有对应的节点类。这些节点的继承关系如图 5.8 所示。

总之，所有的控制流语句所对应的节点，都是 StmtNode 或者其子类 UnaryStmtNode 的子类。这些节点类的实现，都位于 src/maple_ir/include/mir_nodes.h 和 src/maple_ir/src/mir_nodes.cpp 文件中。

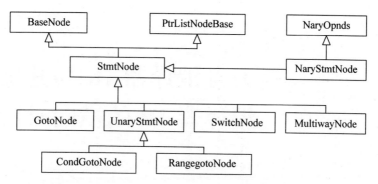

图 5.8 flat control flow statements 实现类及继承关系

第 6 章

方舟编译器 IR 与其他编译器 IR 的横向对比

方舟编译器面世以来,引发了业界的极大关注,很多人也将它和其他编译器的关系进行了讨论,试图揭示出方舟编译器和已有成熟编译器之间的关系。本章将 Maple IR 与 LLVM IR、Open64 IR 分别进行一些领域的横向对比,以此展现方舟编译器与它们之间的差异。

6.1 Maple IR 与 LLVM IR 的对比

近年来,LLVM 的热度不断上升,LLVM 的贡献者及基于 LLVM 的开发者越来越多,所以关注 LLVM 的人也越来越多。方舟编译器开源之后,很多人认为方舟编译器的 Maple IR 和 LLVM IR 很像。本节将 Maple IR 与 LLVM IR 进行一些横向对比,这些对比将从 IR 结构、类型和 module 层面信息这三个维度展开。

6.1.1　Maple IR 与 LLVM IR 的结构对比

方舟编译器的 Maple IR 文档 *Maple IR Design* 并没有专门介绍 IR 结构的部分，有一个相近的部分叫"Program Representation"，这部分描述了 Maple IR 的表达方式。按照该文档的描述，Maple IR 采用的是类似 C 语言的形式（并不遵循 C 的语法），将 Maple IR 分为声明语句（declaration statements）和执行语句（executable statements）两部分，前者表达符号表信息，后者表达要执行的具体程序代码。

在结构方面，结构的最顶层，每个 Maple IR 文件对应一个 CU（Compilation Unit，编译单元），每个 Maple IR 文件中由全局的声明组成。这些声明内部是函数，或者叫 PUs（Program Units）。在 PUs 内部是局部范围的声明和紧随其后的函数的执行代码。而 Maple 的 IR 中的可执行节点又分为 Leaf nodes、Expression nodes 和 Statement nodes。所以，可以理解为 CU 包含了全局的声明和函数，而函数内部包含局部声明和函数的执行代码，函数的执行代码则由 Leaf nodes、Expression nodes 和 Statement nodes 组成，其结构如图 6.1 所示。

LLVM 的 IR 结构，有一个很清晰的文档 *LLVM Language Reference Manual*（https://llvm.org/docs/LangRef.html），称为 High Level Structure。其从 Module 开始向下逐步介绍其内部包含的所有内容，其中包含了 Module Structure、Structure Types、Global Variables、Functions 和 Source Filename 等内容，具体如图 6.2 所示。

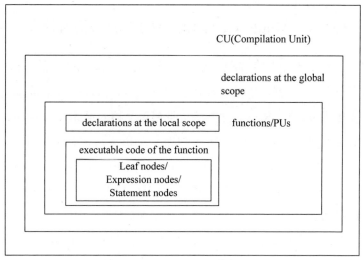

图 6.1 Maple IR 的结构

LLVM 的文档介绍得很详细,不仅仅是介绍结构,还对里面涉及与结构有关系的内容做了介绍。对于整体结构中类似 DataLayout、Source Filename 的具体项,都有详细的介绍,单从文档就可以完全了解一个 LLVM IR 的结构和其中所涉及的所有项目。其中的具体执行语句,则在同一个文档的其他部分进行了介绍。LLVM 的 IR 的整体结构布局,可以简单地分为 Module、Function 和 Basic Block 三个由高向低的层级,每个层级还有自己的一些特有的信息,具体如图 6.3 所示。

将 Maple IR 与 LLVM IR 的结构进行对比分析,可以得出如下结论:

(1) 从目前的对比来看,方舟的 Maple IR 的结构要比 LLVM IR 的结构简洁一些。但是考虑到 LLVM 已经支持了多种前端和后端,而 Maple IR 目前支持的前端和后端还比较单一(方舟前端目前只支持 java bytecode 和 dex，后端只支持 arm64)，所以 Maple IR 随着所支持的前端和后端的增加，结构是否也会变得更加复杂？似乎有这种可能。

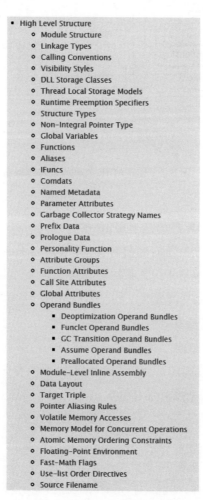

图 6.2　LLVM IR 的高层次结构

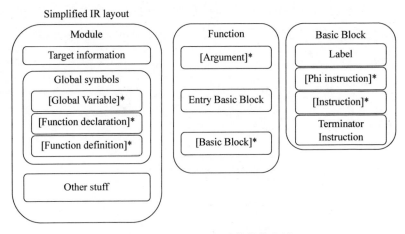

图 6.3　LLVM IR 的整体结构布局

(图源：http://llvm.org/devmtg/2019-04/talks.html#Tutorial_3)

（2）Maple IR 提的是多层 IR 的概念，高层次的 IR 会更接近源程序语言，随着不断向底层转化，其结构会不断地变得扁平化。LLVM IR 作为单层 IR，其必然要在这个层面尽量表达更多的信息，所以其结构必然要复杂一些。所以从这个角度来看，Maple IR 也有可能一直保持着较为简洁的程序结构。

（3）简单的结构之下，势必会导致结构内部的处理变得复杂。Maple IR 现在可能还不会面临这个问题，但随着支持语言变多，结构内部处理的复杂度肯定会增加。这个问题是通过修改结构还是通过其他方式来处理呢？让我们关注方舟未来的演进路线，它会给我们一个满意的答复。

（4）Maple IR 在 IR 设计文档 *Maple IR Design* 中的 Declaration Specification 部分，又引入了 module 概念，同时将 module 等同于 CU。然后介绍了一系列的 Module Declaration，这些 declaration

都是 module 需要的信息。在这个层面上，其实 Maple IR 又和 LLVM IR 殊途同归了，只不过 LLVM IR 一开始在结构上就明确了这些信息的存在，而 Maple IR 先是提了 Global Declaration，然后在 Declaration 概念之下，再提 module 这些信息。就算 Maple IR 觉得用 declaration 这么概括一下顶层结构更好理解，那么也不应该将 module 等同于 CU 放到文档这么靠后的位置，莫不如直接提 module，相对来说更容易理解一点。这不属于结构的问题，而是属于文档编写的问题。

（5）抛开文档表述的差异，其实 Maple IR 和 LLVM IR 在整体结构上并无太大的差异，毕竟 IR 的结构也没有太大的发挥空间。在程序结构没有重大变革的情况下，都是类 C 的表示方式，那么其整体结构也必然不会有什么本质上的不同。但是，无论是在 module 层面还是在函数层面，细节上的差别还是挺多的，这需要注意。

（6）Maple IR 的设计文档结构有点问题。文档将 IR 分为声明语句和执行语句，然后在进一步分析并细化的时候，先介绍执行节点的几种具体类型及其内部的具体内容，然后又去介绍声明的具体情况，这个顺序有点绕，不方便理解整个 IR 的设计。不如 LLVM 的文档介绍得清晰。

6.1.2　Maple IR 与 LLVM IR 的类型对比

类型系统是 IR 的重要组成部分，也是其重要特征。本部分将 Maple IR 的基本类型和 LLVM IR 的类型连同其所属类别，放到一起进行对比，具体内容如表 6.1 所示。

表 6.1　Maple IR 与 LLVM IR 的类型对比

序号	方舟编译器类型类别	方舟编译器类型	LLVM类型类别	LLVM类型类别	LLVM类型类别	LLVM类型
1	no type	void				void
2	signed integers	i8	First Class Types	Single Value Types	Integer Type	iN
3		i16				
4		i32				
5		i64				
6	unsigned integers	u8				
7		u16				
8		u32				
9		u64				
10	booleans	u1				
11	addresses	ptr	First Class Types	Single Value Types	Pointer Type	<type> *
12		ref				
13		a32				
14		a64				
15	floating point numbers	f32	First Class Types	Single Value Types	Floating-Point Types	half
16		f64				float
17	complex numbers	c64				double
18		c128				fp128
19		dynany				x86_fp80
20		dynu32				ppc_fp128
21	JavaScript types	dyni32				
22		dynundef				
23		dynnull				
24		dynhole				
25		dynbool				
26		dynptr				
27		dynf64				
28		dynf32				
29		dynstr				
30		dynobj				

第 6 章 方舟编译器 IR 与其他编译器 IR 的横向对比

续表

序号	方舟编译器类型类别	方舟编译器类型	LLVM类型类别	LLVM类型类别	LLVM类型类别	LLVM类型
31	SIMD types	to be defined				
32		unknown				
33					Function Type	＜returntype＞(＜parameter list＞)
34					X86_mmx Type	x86_mmx
35				Single Value Types	Vector Type	＜＜＃ elements＞x＜elementtype＞＞; Fixed-length vector ＜vscale x＜＃elements＞x＜elementtype＞＞; Scalable vector
36			First Class Types	Label Type		label
37			First Class Types	Token Type		token
38			First Class Types	Metadata Type		metadata
39			First Class Types		Array Type	[＜＃ elements＞x＜elementtype＞]
40				Aggregate Types	Structure Type	%T1 = type { ＜type list＞ } ; Identified normal struct type %T2 = type＜{ ＜type list＞ }＞ ; Identified packed struct type
41					Opaque Structure Types	%X = type opaque %52 = type opaque

通过表 6.1 对 Maple IR 与 LLVM IR 类型的对比,将二者的差异总结如下:

(1) 方舟编译器的 IR 专门为 JavaScript 预留了 12 个基本类型。这显然是为了后续支持 JavaScript 所做的准备工作,也符合之前 IR 设计文档中提到的高级别的 IR 要尽可能地保留源程序的信息。但是,这种设计延续下去,在方舟所支持的编程语言不断扩展的情况下,会因为添加的针对语言的特殊基本类型太多,而导致方舟的 IR 里类型信息变得十分冗余。

(2) LLVM IR 的整型设计更加简洁,覆盖的范围更广,直接用 Ni 来表示。而方舟编译器 IR 是用了 i16/i32/i64/u16/u32/u64 来表示。

(3) 方舟编译器 Maple IR 的 addresses 类型种类更多,还包含了引用(ref)。而 LLVM IR 直接用了一个 <type> * 表示,这或许也跟 LLVM、Function Type、Vector Type、Array Type、Structure Type 和 Opaque Structure Types 这些方舟编译器 IR 所没有的类型有关系。

(4) LLVM IR 的浮点数类型要比方舟编译器 Maple IR 的浮点数类型多,覆盖的范围也要更广一些。

(5) 方舟编译器定义了 booleans、complex numbers(c64\c128)和 unknown 等 LLVM IR 不具备的基本类型。

(6) LLVM IR 则定义了 label、token、metadata 等方舟编译器没涉及的类型。

总体看来,抛开方舟 Maple IR 的 JavaScript 部分来对比二者,LLVM IR 设计的类型覆盖的范围更加广泛,有些类型实操性很好,这也是经过了多年不断地锤炼才得到的结果。方舟的 Maple

IR,还需要根据实际的需求不断地去修改和扩展,逐步走向稳定。

6.1.3 Maple IR 与 LLVM IR 中 module 层面的信息对比

前文对比了 Maple IR 和 LLVM IR 的结构,通过对比二者可知,二者都有 module 这个概念,而且其内涵也是一致的,都是对应着一个 Compilation Unit。在 module 之下都是一些全局的声明和函数声明,这部分是一个 module 的主要内容。除了这些之外,一个 IR 文件(通常就对应着一个 module)还往往会带着一些 module 层面的信息。

Maple IR 的 module 层面的信息在 MapleIRDesign.md 中有专门的一栏 Module Declaration,里面包含了 module 层面包含的所有信息,主要包含了 entryfunc、flavor、globalmemmap、id、import、importpath、numfuncs 和 srclang 等内容,具体如表 6.2 所示。

表 6.2 Maple IR module 层面所包含信息

编号	名 称	语 法
1	entryfunc	entryfunc < func-name >
2	flavor	flavor < IR-flavor >
3	globalmemmap	globalmemmap = [< initialization-values >]
4	globalmemsize	globalmemsize < size-in-bytes >
5	globalwordstypetagged	globalwordstypetagged = [< word-values >]
6	globalwordsrefcounted	globalwordsrefcounted = [< word-values >]
7	id	id < id-number >
8	import	import "< filename >"
9	importpath	importpath "< path-name >"
10	numfuncs	numfuncs < integer >
11	srclang	srclang < language >

LLVM IR 中 module 层面的信息并没有单独做一类,而是在文档 LLVM Language Reference Manual 中的 High Level Structure 里混在一起介绍的,笔者根据自己的经验选了一些进行讨论,主要选取了 Source Filename、Target Triple、Data Layout 和 Module-Level Inline Assembly,具体如表 6.3 所示。

表 6.3 LLVM IR module 层面所包含信息

编号	名　　称	语　　法
1	Source Filename	source_filename = "/path/to/source.c"
2	Target Triple	target triple = "x86_64-apple-macosx10.7.0"
3	Data Layout	target datalayout = "layout specification"
4	Module-Level Inline Assembly	module asm "inline asm code goes here" module asm "more can go here"

LLVM IR 中很多信息是对于 module 下的全局变量和函数都是同样有效的,在这里就将它们视为全局变量和函数的属性,而不将其视为 module 的属性。对 Maple IR 和 LLVM IR 二者的 module 层面的信息进行分析和对比,总结如下:

(1) Maple IR 中有 id,针对 module 给出了一个唯一的 id 序号;LLVM 中直接用了 Source Filename,给出源码的路径和名字。这二者都是为了保证 IR 有一个独一无二的标识,但是 LLVM 的 Filename 可以对得上源码文件,Maple IR 的 id 是否能对得上源码的文件,这是个值得关注的地方。另外,Maple IR 中有 fileinfo 和 srcfileinfo 在 module 层面声明了 jar 文件和源码文件的名称,但是这两个声明并未出现在文档中,不知道是否在文档中漏掉了。

(2) Maple IR 中有 entryfunc 给出了入口函数的名字;这点 LLVM IR 是没有的,是直接默认 main 函数作为入口函数的。不知道这个设计是不是和方舟首先要支持的 Java bytecode 和 dex 输入有关系。

（3）Maple IR 中有 import 和 importpath，前者用来 import Maple 的类型文件（以.mplt 结尾的文件），后者用来指定搜索目录。这个功能点 LLVM IR 是没有的。因为在 IR 层面上，LLVM 并没有像方舟一样提供两种文件（.mpl 和.mplt 格式的文件）。

（4）Maple IR 中有 numfuncs，给出了 module 中定义的函数的数量。不知道为什么要这么做，LLVM 的 IR 没有类似的数量函数，可能是方舟解决实际问题的时候有这个需要。有这个选项肯定会更方便，没有这个信息也能通过分析统计出来，但是这类信息多了之后，会显得 IR 信息有点冗余。

（5）Maple IR 中 globalXXX 系列的信息放在 module 层面做了显式声明，这点和 LLVM IR 不同。

（6）LLVM IR 中的 Data Layout 和 Target Triple，Maple IR 中都没有类似的信息。可能是目前方舟只支持 ARM64，所以在这个方面不需要去设置相关的信息，在后续对多后段支持的情况下，相关的信息还是需要在 IR 中表现出来的。

（7）编译了目前的几个测试用例，对其 mpl 文件进行了简单的分析。以 HelloWorld.mpl 为例，其中包含的 module 层面的信息如图 6.4 所示。

从图 6.4 HelloWorld.mpl 中的 module 层面信息的声明可以看出之前讨论的几个选项，包括没有在文档中出现的 fileinfo 和 srcfileinfo 选项。其他几个测试用例的情况也类似。另外，值得注意的是，这几个测试用例所生成的 mpl 文件的 id 都是 65535，包括对应的 XXX.VtableImpl.mpl 文件中的 id 也是 65535。由此看来，文档中所有 id 唯一的情况是有局限性的，有可能是限制于工程目录之下。

```
1 flavor 1
2 srclang 3
3 id 65535
4 numfuncs 2
5 import "HelloWorld.mplt"
6 import "/home/shining/OpenArkCompilerV0.2.1/libjava-core/java-core.mplt"
7 entryfunc &LHelloWorld_3B_7Cmain_7C_28ALjava_2Flang_2FString_3B_29V
8 fileinfo {
9   @INFO_filename "HelloWorld.jar"}
10 srcfileinfo {
11   1 "HelloWorld.java"}
```

图 6.4　HelloWorld.mpl 的 module 信息

总体而言，module 层面信息的描述，Maple IR 的文档做得要更加清晰一点，单独地将 module 层面作为一块来介绍，不像 LLVM IR 都混在一起。Maple IR 的问题是限于目前支持的前端和后端都比较单一，里面的信息表述具有一定的单一性和倾向性，过多地考虑了目前已经支持的前端（Java）和后端（Arm64），对多种前端和后端考虑得还是有点少，随着支持前端和后端数量的增加，可能 module 层面需要声明的信息还需要调整。个人感觉肯定还是需要增加一些信息的，但是删不删除信息，就要看是考虑信息更加简洁还是考虑操作更加方便。

6.2　Maple IR 与 WHIRL IR 的对比

6.1 节内容将 Maple IR 与 LLVM IR 进行了对比，本部分内容将对 Maple IR 与 Open64 编译器的 WHIRL IR 进行比较，对比二者之间的差异。

6.2.1 Maple IR 与 WHIRL IR 的基本类型对比

类型是 IR 的基础,前文将 Maple IR 与 LLVM IR 的类型进行了对比,本部分内容将对 Maple IR 与 WHIRL IR 的基本类型进行对比。

从方舟编译器和 Open64 编译器文档中将二者对应的 Maple IR 与 WHIRL IR 基本类型提取出来,做成详细的列表,具体内容如表 6.4 所示。

表 6.4 Maple IR 与 WHIRL IR 的基本类型

序号	Maple IR 基本类型类别	Maple IR 基本类型	WHIRL IR 基本类型	WHIRL IR 基本类型备注
1	no type	void	V	Void
2	signed integers	i8	I1	8-bit signed integer
3		i16	I2	16-bit signed integer
4		i32	I4	32-bit signed integer
5		i64	I8	64-bit signed integer
6	unsigned integers	u8	U1	8-bit unsigned integer
7		u16	U2	16-bit unsigned integer
8		u32	U3	32-bit unsigned integer
9		u64	U4	64-bit unsigned integer
10	booleans	u1	B	boolean
11	addresses	ptr		
12		ref		
13		a32	A4	32-bit address (behaves as unsigned)
14		a64	A8	64-bit address (behaves as unsigned)

续表

序号	Maple IR 基本类型类别	Maple IR 基本类型	WHIRL IR 基本类型	WHIRL IR 基本类型备注
15	floating point numbers	f32	F4	32-bit IEEE floating point
16		f64	F8	64-bit IEEE floating point
17			F10	80-bit IEEE floating point
18			F16	128-bit IEEE floating point
19			FQ	128-bit SGI floating point
20	complex numbers		C4	32-bit complex (64 bits total)
21		c64	C8	64-bit complex (128 bits total)
22		c128	CQ	128-bit complex (256 bits total)
23	JavaScript types	dynany		
24		dynu32		
25		dyni32		
26		dynundef		
27		dynnull		
28		dynhole		
29		dynbool		
30		dynptr		
31		dynf64		
32		dynf32		
33		dynstr		
34		dynobj		
35	SIMD types	to be defined		
36		unknown		
37			M	struct
38			BS	bits

根据表6.4中对 Maple IR 与 WHIRL IR 基本类型的逐项对比，可以得出如下结论：

(1) bool、void、int 和 uint 类型，Maple IR 与 WHIRL IR 的设计完全一致。

(2) Maple IR 的 addresses 和 complex numbers 所支持的类型，要比 WHIRL IR 多一些；而 WHIRL IR 对浮点数的支持范围要比 Maple IR 更广一些。

(3) WHIRL IR 支持 M(struct) 和 BS(bits) 类型，Maple IR 支持 unknown 类型。

(4) WHIRL IR 支持：使用 i 去表达任意的 int 类型，使用 f 去表达任意的浮点类型，使用 z 去表达任意的 complex types。

总体而言，Maple IR 的基本类型设计和 WHIRL IR 的基本类型设计重合度很高，如果将 Maple IR 中的 JavaScript 类型排除在外，二者的重合度接近三分之二。再加上 Maple IR 也是多层 IR 设计，所以将方舟的 IR 和 LLVM、Open64 的 IR 相比，方舟的 Maple IR 设计更像是对 Open64 的 WHIRL IR 的继承和发扬。

6.2.2 Maple IR 与 WHIRL IR 的控制流语句对比

通过上文的 Maple IR 与 WHIRL IR 对比，可以发现其基本类型重合度很高。所以，我们更进一步对 Maple IR 与 WHIRL IR 的控制流语句进行对比。

Maple IR 的控制流语句分为 hierarchical control flow statements 和 flat control flow statements。WHIRL IR 的控制流语句分为 structured control flow statements 和 other control flow statements。但是，其实二者的分类标准是一致的，都是结构化的

控制流语句和扁平化的控制流语句。将二者的控制流语句做成对应的列表,具体如表 6.5 所示。

表 6.5 Maple IR 与 WHIRL IR 的控制流语句

序号	Maple IR		WHIRL IR	
1	hierarchical control flow statements	doloop	structured control flow statements	DOLOOP
2		dowhile		DOWHILE
3		foreachelem		
4		if		IF
5		while		WHILEDO
6				FUNCENTRY
7				BLOCK
8				REGION
9	flat control flow statements	brfalse	other control flow statements	FALSEBR
10		brtrue		TRUEBR
11		multiway		
12		return		RETURN
13				RETURN_VAL
14		switch		SWITCH
15		goto		GOTO
16		rangegoto		
17		indexgoto		
18				GOTO_OUTER_BLOCK
19				CASEGOTO
20				COMPGOTO
21				XGOTO
22				AGOTO
23				REGION_EXIT
24				ALTENTRY
25				LABEL
26				LOOP_INFO

通过表 6.5 对二者控制流语句的逐条对比，总结如下：

（1）总体而言，Maple IR 的控制流语句是 WHIRL IR 的控制流语句的一个子集合。Maple IR 的控制流语句更加精炼，去除了一些不必要的语句，对其功能进行了合并。

（2）Maple IR 关于 goto 的语句有 3 条，而 WHIRL IR 关于 goto 的语句有 6 条。方舟编译器显然是对 goto 语句的体系进行过分析，有总结和归纳。但是，哪种情况下效率更高，需要实际对比测试。相对而言，语句越多，则每条语句所要覆盖的内容就越少，这种情况下效率容易更高。

（3）二者结构型的控制流语句差别很小。WHIRL IR 比 Maple IR 多出来的语句，主要是 FUNC_ENTRY、BLOCK、REGION 这 3 种，传统意义的控制流语句二者完全保持了一致。

（4）Maple IR 比 WHIRL IR 多了一个 foreachelem，而 WHIRL IR 多了一个 LOOP_INFO。

（5）Maple IR 比 WHIRL IR 多了一个 multiway。在 Maple IR 内部，multiway 也不是一个最终形式的语句，它最终会被转变为 switch 或者是 if。

（6）WHIRL IR 比 Maple IR 多了一个 RETURN_VAL，但是这个语句只存在于 VH-H 的过程中，也就是在中间表示的高层存在，之后就被转化为 RETURN 了。

通过如上对比可以看到，二者共同的语句还是很多的，所以在学习方舟编译器的过程中，Open64 的文档和代码都具有很强的参考性，可以弥补有些环节方舟所缺的内容。在分析方舟 Maple IR 遇到问题的时候，不妨看看 WHIRL IR 的文档，或许就能解决疑惑。

第 7 章

Maple IR 的处理流程分析

方舟编译器前端生成 IR 文件之后，IR 文件会交给中端进行分析和优化处理。本部分将对 IR 处理的流程及其中间的主要环节进行分析，以期让读者明白 IR 处理的整个过程。本章所涉及的代码主要位于 src/maple_ir/目录之下。

7.1 Maple IR 的整体处理流程

如果将编译器的前端、中端和后端分开来看，每个阶段都可以看成一个独立的编译器，都是将一种输入语言转换成另外一种语言后输出。Maple IR 在方舟编译器中端的处理也是类似的情况，Maple IR 文件由前端可执行文件 jbc2mpl 生成，之后会依次交给中端和后端进行处理，最终生成目标文件。整个执行流程就是对中间文件不断处理的过程，可以将其视为一个对中间文件的层层不同的处理。

方舟编译器中端将 Maple IR 作为输入，然后先做词法分析，再做语法分析，然后才是其他介于 IR 的操作，包括 lower 等。具体

第 7 章 Maple IR 的处理流程分析

处理环节可以分为：lexer、parser、符号表构建、lower 处理等环节。其中，lexer 环节负责对 IR 文件进行词法分析；parser 环节负责对 IR 文件进行语法分析；符号表构建环节负责构建相关的符号表，为后续处理做准备；lower 处理则进行一些向下转换的操作。

其中，lexer 环节和 parser 环节比较好理解。lexer 环节是对 IR 文件进行词法分析的环节。编译器的前端、中端和后端，单独提取出来看，都可以看成一个独立的编译器，都是做从源语言到目标语言的翻译工作。所以，通常编译器的中端也会对前端所输出的中间文件做词法分析、语法分析等。这里的 lexer 环节就是中端的词法分析环节。lexer 环节的代码主要位于 src/maple_ir/include/lexer.h 和 src/maple_ir/src/lexer.cpp 文件。lexer 在实现上是通过 MIRLexer 类来实现的。MIRLexer 的成员函数和成员变量都是围绕着 IR 文件的 Token 处理。

在 parser 环节，MIRParser 类主要负责 Maple IR 的语法分析。它根据 MIRLexer 类的词法分析的结果，对其进行语法分析。MIRParser 类定义和实现位于 src/maple_ir/include/mir_parser.h、src/maple_ir/src/mir_parser.cpp 和 src/maple_ir/src/parser.cpp 中。MIRParser 类的声明放到了头文件中，具体实现放到了两个 cpp 文件中。MIRParser 的成员函数主要可以分为类型的语法处理、表达式的语法处理和语句的语法处理这几类。另外，MIRParser 类其所在的文件的命名和 MIRLexer 有点儿不一致：MIRLexer 的头文件和 cpp 文件命名都没有加"mir_"前缀，而 MIRParser 类的头文件和 cpp 文件的命名则都有。这点应该是由于没注意所导致的。通常，要么都加，要么都不加，不应该在 lexer 和 parser 上有差别。

此外，中端的 me 和 mpl2mpl 阶段在后续章节进行单独介绍，后端的 mplcg 因为代码还没有开源，所以本教程将不对该部分进行介绍。本章后续的内容将主要聚焦于基本处理环节部分的源码分析与介绍。

7.2 Maple IR 的 build 类

Maple IR 在被分析和变换的过程中，还需要一个 build 类为其构建对应内容的类。MIRBuilder 类就是这个类，它负责创建 Maple IR 对应的内容，它和 MIRModule 类保持着对应关系，可以创建 MIRFunction 及其以下的绝大多数的结构，包括但不限于：构建声明、构建语句节点、构建表达式节点和构建常量节点等。MIRBuilder 类的定义和实现位于 src/maple_ir/include/mir_builder.h 和 src/maple_ir/src/mir_builder.cpp。

从 mir_builder.h 中 MIRBuilder 的成员函数，可以很容易地看出其主要功能。以构建表达式的成员函数为例，代码如下：

```
//第 7 章/mir_builder.h
// for creating Expression
  ConstvalNode *CreateIntConst(int64, PrimType);
  ConstvalNode *CreateFloatConst(float val);
  ConstvalNode *CreateDoubleConst(double val);
  ConstvalNode *CreateFloat128Const(const uint64 *val);
  ConstvalNode *GetConstInt(MemPool &memPool, int val);
  ConstvalNode *GetConstInt(int val) {
```

```cpp
    return CreateIntConst(val, PTY_i32);
}

ConstvalNode * GetConstUInt1(bool val) {
    return CreateIntConst(val, PTY_u1);
}

ConstvalNode * GetConstUInt8(uint8 val) {
    return CreateIntConst(val, PTY_u8);
}

ConstvalNode * GetConstUInt16(uint16 val) {
    return CreateIntConst(val, PTY_u16);
}

ConstvalNode * GetConstUInt32(uint32 val) {
    return CreateIntConst(val, PTY_u32);
}

ConstvalNode * GetConstUInt64(uint64 val) {
    return CreateIntConst(val, PTY_u64);
}

ConstvalNode * CreateAddrofConst(BaseNode&);
ConstvalNode * CreateAddroffuncConst(const BaseNode&);
ConstvalNode * CreateStrConst(const BaseNode&);
ConstvalNode * CreateStr16Const(const BaseNode&);
SizeoftypeNode * CreateExprSizeoftype(const MIRType &type);
FieldsDistNode * CreateExprFieldsDist (const MIRType &type, FieldID field1, FieldID field2);
AddrofNode * CreateExprAddrof(FieldID fieldID, const MIRSymbol &symbol, MemPool * memPool = nullptr);
AddrofNode * CreateExprAddrof(FieldID fieldID, StIdx symbolStIdx, MemPool * memPool = nullptr);
AddroffuncNode * CreateExprAddroffunc(PUIdx, MemPool * memPool = nullptr);
```

```cpp
    AddrofNode * CreateExprDread(const MIRType &type, FieldID
fieldID, const MIRSymbol &symbol);
    virtual AddrofNode * CreateExprDread(MIRType &type, MIRSymbol
&symbol);
    virtual AddrofNode * CreateExprDread(MIRSymbol &symbol);
    AddrofNode * CreateExprDread(PregIdx pregID, PrimType pty);
    AddrofNode * CreateExprDread(MIRSymbol&, uint16);
    RegreadNode * CreateExprRegread(PrimType pty, PregIdx
regIdx);
    IreadNode * CreateExprIread(const MIRType &returnType, const
MIRType &ptrType, FieldID fieldID, BaseNode * addr);
    IreadoffNode * CreateExprIreadoff(PrimType pty, int32 offset,
BaseNode * opnd0);
    IreadFPoffNode * CreateExprIreadFPoff(PrimType pty, int32
offset);
    IaddrofNode * CreateExprIaddrof(const MIRType &returnType,
const MIRType &ptrType, FieldID fieldID, BaseNode * addr);
    IaddrofNode * CreateExprIaddrof(PrimType returnTypePty, TyIdx
ptrTypeIdx, FieldID fieldID, BaseNode * addr);
    BinaryNode * CreateExprBinary(Opcode opcode, const MIRType
&type, BaseNode * opnd0, BaseNode * opnd1);
    TernaryNode * CreateExprTernary(Opcode opcode, const MIRType
&type, BaseNode * opnd0, BaseNode * opnd1, BaseNode * opnd2);
    CompareNode * CreateExprCompare(Opcode opcode, const MIRType
&type, const MIRType &opndType, BaseNode * opnd0, BaseNode *
opnd1);
    UnaryNode * CreateExprUnary(Opcode opcode, const MIRType
&type, BaseNode * opnd);
    GCMallocNode * CreateExprGCMalloc(Opcode opcode, const MIRType
&ptype, const MIRType &type);
    JarrayMallocNode * CreateExprJarrayMalloc(Opcode opcode, const
MIRType &ptype, const MIRType &type, BaseNode * opnd);
    TypeCvtNode * CreateExprTypeCvt(Opcode o, const MIRType &type,
const MIRType &fromtype, BaseNode * opnd);
    ExtractbitsNode * CreateExprExtractbits(Opcode o, const
MIRType &type, uint32 bOffset, uint32 bSize, BaseNode * opnd);
```

```
  RetypeNode  * CreateExprRetype(const MIRType &type, const
MIRType &fromType, BaseNode * opnd);
  ArrayNode * CreateExprArray(const MIRType &arrayType);
  ArrayNode * CreateExprArray(const MIRType &arrayType,
BaseNode * op);
  ArrayNode * CreateExprArray(const MIRType &arrayType,
BaseNode * op1, BaseNode * op2);
  IntrinsicopNode * CreateExprIntrinsicop(MIRIntrinsicID idx,
Opcode opcode, const MIRType &type,
                  const MapleVector < BaseNode * > &ops);
```

与此类似，MIRBuilder 类中还有创建函数和创建语句等。有很明确的注释，并且从函数名称可以判断该成员函数的具体作用。但是，注释"for creating Expression"将创建常量节点和表达式节点的成员函数都认为是创建表达式，这略有不妥。根据 IR 设计文档，常量是常量，表达式是表达式，二者是应该严格区分的。那么在注释和代码中，不体现二者的区别，严格意义上讲是不够严谨的。

另外，创建表达式节点的成员函数中，还有一些例如 dread、addrof 这类指令，在 IR 设计文档中属于 Leaf Opcodes，其对应的节点都是属于 Leaf nodes 的，并不属于 Expression nodes。所以其成员函数名中使用了 CreateExprXXX 这种前缀，显得不够严谨。这两类问题，虽然并不是大问题，但是和文档并不严格一致，让人很容易产生疑惑。

MIRBuilder 构建一些节点的接口，其实之后还转到了 MIRModule 去做进一步操作。以创建 label 语句为例，代码如下：

```
LabelNode * MIRBuilder::CreateStmtLabel(LabelIdx labIdx) {
  return GetCurrentFuncCodeMp() - > New < LabelNode >(labIdx);
}
```

其中，调用了 GetCurrentFuncCodeMp 函数，它的实现代码如下：

```
MemPool *MIRBuilder::GetCurrentFuncCodeMp() {
  return mirModule->CurFuncCodeMemPool();
}
```

这里已经将操作转到了 MIRModule 中。

MIRBuilder 和 MIRModuler 有一个互相对应的关系。MIRBuilder 的成员变量有一个，代码如下：

```
MIRModule *mirModule;
```

它在构造函数的时候就进行了初始化，代码如下：

```
explicit MIRBuilder(MIRModule *module)
 : mirModule(module),
       incompleteTypeRefedSet(mirModule->GetMPAllocator().Adapter()) {}
```

MIRModuler 的成员变量有一个（src/maple_ir/include/mir_module.h），代码如下：

```
MIRBuilder *mirBuilder;
```

它的初始化也是在构造函数中（src/maple_ir/src/mir_module.cpp），代码如下：

```
mirBuilder = memPool->New<MIRBuilder>(this);
```

二者的相互关系在这里体现得很清楚了。

MIRBuilder 的一些创建节点的接口，最后都转到了 MIRModule 中，通过 MIRFunction，最后调用的是 MemPool 的 New。所以，MIRBuilder 的大多数方法，通过 MIRModule 或者是通过 MIRFunction 都可以实现。需要注意的是，这里创建节点，都只是通过 MemPool 创建了节点对应的空间，节点的内部内容还需要进一步通过其他操作来实现。

7.3　Maple IR 的符号表

Maple IR 的符号表相关内容，在具体实现上，主要在 src/maple_ir/include/mir_symbol.h 和 src/maple_ir/src/mir_symbol.cpp 中。核心的类主要有：MIRSymbol、MIRSymbolTable 和 MIRLabelTable。

MIRSymbol 和 MIRSymbolTable 是一个体系，MIRSymbol 表示单个的符号；MIRSymbolTable 则表示由单个符号构成的符号表。MIRLabelTable 则可以看作符号表的一种特例。

MIRSymbol 的种类主要用枚举 MIRSymKind 表示，主要可以分为错误、变量、函数、常量、Java 类、Java 接口和寄存器，代码如下：

```
//第7章/mir_symbol.h
enum MIRSymKind {
    kStInvalid,
    kStVar,
```

```
    kStFunc,
    kStConst,
    kStJavaClass,
    kStJavaInterface,
    kStPreg
};
```

MIRSymKind 在 MIRSymbol 类的成员变量中被使用,代码如下:

```
MIRSymKind sKind{ kStInvalid };
```

同时,MIRSymbol 类中也提供了对 sKind 进行 set/get 操作的成员函数,代码如下:

```
//第 7 章/mir_symbol1.h
    void SetSKind(MIRSymKind m) {
      sKind = m;
    }

    MIRSymKind GetSKind() const {
      return sKind;
    }
```

总体而言,MIRSymbol 类中的成员变量主要是 symbol 的一些属性,成员函数则主要是对成员变量的判断获取和设置操作。

MIRSymbolTable 用来表示符号表,其成员变量主要有 strIdxToStIdxMap 和 symbolTable 等,代码如下:

```
//第 7 章/mir_symbol2.h
    MapleAllocator mAllocator;
    // hash table mapping string index to st index
```

```
MapleMap< GStrIdx, StIdx > strIdxToStIdxMap;
// map symbol idx to symbol node
MapleVector< MIRSymbol * > symbolTable;
```

其中 strIdxToStIdxMap 是一个由 GStrIdx(字符串名字 id)对应到 StIdx（符号表 id）的 map；symbolTable 则是一个由 MIRSymbol * 组成的 Vector，就是一个由 MIRSymbol 构成的符号表。其成员函数主要的操作也是关于符号表的操作，创建符号、获取符号、添加符号、获取符号表大小等。

MIRLabelTable 可以看作一种特殊的符号表。只不过其内部存放的是与 label 相关的内容，而 label 可以视为一种特殊的符号。所以，其成员变量和成员函数和 MIRSymbolTable 很类似，Vector 里存储类型不同。

符号表的相关实现，另外还有一个 GSymbolTable 类，它的定义和实现位于 src/maple_ir/include/global_tables.h 和 src/maple_ir/src/global_tables.cpp 中。GSymbolTable 类有一个 gSymbolTable 对象，是 GlobalTables 的成员变量，和 GlobalTables 的其他成员变量 typeTable、typeNameTable 和 functionTable 等，它们都是 GlobalTables 类所需要的全局各种类别的表。

7.4 Maple IR 的寄存器实现

Maple IR 中寄存器相关的实现主要通过 MIRPreg 和 MIRPregTable 类。这两个类名字中的 P，猜测是 Pseudo 的缩写，表示虚拟寄存器,它们和特殊寄存器(SpecialReg)一起构成寄存器系统。本文就 Maple IR 中与寄存器相关的实现做简要分析。

虚拟寄存器的两个实现类:MIRPreg 和 MIRPregTable 类,以及特殊寄存器 SpecialReg 的定义,都位于 src/maple_ir/include/mir_preg.h 中。

MIRPreg 是寄存器的实现类,其主要成员变量为 primType、isRef、needRC、pregNo 和 mirType 等,代码如下:

```
//第 7 章/mir_preg.h
    PrimType primType = kPtyInvalid;
    bool isRef = false;
    bool needRC = false;
    int32 pregNo; // the number in maple IR after the %
    MIRType * mirType;
```

primType 表示寄存器基本类型;isRef 表示是否引用;needRC 表示是否需要 RC,也就是引用计数;pregNo 是寄存器编号,在 IR 实例中以％开头并且后跟数字编号;mirType 表示寄存器所对应的 MIRType 实例。MIRPreg 的成员函数主要是设置和获取成员变量的操作。

MIRPregTable 主要表示寄存器表,其主要成员变量有 pregIndex、pregNoToPregIdxMap、pregTable、specPregTable [kSregLast]、module 和 mAllocator 等,代码如下:

```
//第 7 章/mir_preg1.h
    uint32 pregIndex = kMaxUserPregIndex;    // user(maple_ir)'s
                                              //preg must less than this value
```

```
MapleMap < uint32, PregIdx > pregNoToPregIdxMap; // for quick
                                                //lookup based on pregno
MapleVector < MIRPreg * > pregTable;
MIRPreg specPregTable[kSregLast]; // for the MIRPreg nodes
                                //corresponding to special registers
MIRModule * module;
MapleAllocator * mAllocator;
```

pregIndex 用来表示寄存器的最大下标；pregNoToPregIdxMap 表示一个寄存器号和寄存器下标构成的 map；pregTable 表示一个由 MIRPreg * 构成的 Vector；specPregTable[kSregLast]表示一个特殊寄存器数组，存储对应特殊寄存器的 MIRPreg；module 是 MIRPregTable 对应的 MIRModule；mAllocator 是 MIRPregTable 对应的 MapleAllocator。

MIRPregTable 的成员函数，也主要是针对成员变量的设置和获取操作，除此之外还有几个创建 Preg 的成员函数。另外，还有一个 MIRPregTable::DumpRef 在 src/maple_ir/src/mir_symbol.cpp 中实现，这有点特殊。主要原因是因为寄存器相关成员函数都是对成员变量的操作，在头文件中已经实现了，所以并没有自己的 cpp 文件。

MIRPregTable 的使用，主要可以分为两类：第 1 类，在 ir_builder.cpp、mir_function.cpp 和 parser.cpp 中使用，这一类获取 MIRFunction 的 pregTab，然后进行 MIRPregTable 的操作；第 2 类，主要是一些 Dump 操作会用到 MIRPregTable。

SpecialReg 作为特殊寄存器的实现，它被直接定义为枚举类型，来表达一系列的特殊寄存器，代码如下：

```cpp
//第7章/mir_preg2.h
enum SpecialReg : signed int {
  kSregSp = 1,
  kSregFp = 2,
  kSregGp = 3,
  kSregThrownval = 4,
  kSregMethodhdl = 5,
  kSregRetval0 = 6,
  kSregLast = 7,
};
```

MIRPregTable 中有一个成员变量 specPregTable[kSregLast]，是存储特殊寄存器对应的 MIRPreg 节点的列表，以数组的形式存在，其中有 7 个元素。此外，src/maple_ir/src/parser.cpp 中有一个专门处理特殊寄存器的 ParseSpecialReg 函数，可以从中看出处理情况。

寄存器体系贯穿了整个 Maple IR 的流程。从构建开始，就伴随 MIRFunction 的整个生命周期。

7.5　Maple IR 的 lower 处理

Maple IR 中有向下转换（lower）的操作，这部分内容在具体实现的时候，采用了一个具体的 MIRLower 类来实现。MIRLower 类的定义和实现位于 src/maple_ir/include/mir_lower.h 和 src/maple_ir/src/mir_lower.cpp 中。

因为 MIRLower 类就是 Maple IR 的向下转换的具体实现，所

第7章 Maple IR 的处理流程分析

以从 MIRLower 类的成员函数的操作,就可以看到 Maple IR 的向下转换操作的主要内容。

MIRLower 类的成员函数,主要有 LowerIfStmt、LowerWhileStmt、LowerDowhileStmt、LowerDoloopStmt、LowerBlock、LowerBrCondition、LowerFunc、ExpandArrayMrt、ExpandArrayMrtWhileBlock、ExpandArrayMrtWhileBlock、ExpandArrayMrtDoloopBlock、ExpandArrayMrtDoloopBlock 和 ExpandArrayMrtBlock 等,代码如下:

```
//第7章/mir_lower.h
   virtual BlockNode * LowerIfStmt ( IfStmtNode &ifStmt, bool recursive);
   virtual BlockNode * LowerWhileStmt(WhileStmtNode&);
   BlockNode * LowerDowhileStmt(WhileStmtNode&);
   BlockNode * LowerDoloopStmt (DoloopNode&);
   BlockNode * LowerBlock(BlockNode&);
   void LowerBrCondition(BlockNode &block);
   void LowerFunc(MIRFunction &func);
   void ExpandArrayMrt(MIRFunction &func);
   IfStmtNode * ExpandArrayMrtIfBlock(IfStmtNode &node);
   WhileStmtNode * ExpandArrayMrtWhileBlock(WhileStmtNode &node);
   DoloopNode * ExpandArrayMrtDoloopBlock(DoloopNode &node);
   ForeachelemNode * ExpandArrayMrtForeachelemBlock ( ForeachelemNode &node);
   BlockNode * ExpandArrayMrtBlock(BlockNode &block);
```

上述代码中的成员函数,可以分为 3 类:第 1 类,是对控制流语句进行向下转换,例如 LowerIfStmt、LowerWhileStmt 等;第 2 类,是对整块代码进行向下转换,例如 LowerFunc;第 3 类,是对数组的扩展,它们都是以 ExpandArray 前缀开头的。本部分内容将选取几条控制流语句的向下转换进行介绍。

7.5.1 if 语句的向下转换

if 语句是控制流语句中比较典型的一种，本部分内容将对 if 语句的向下转换代码进行分析和介绍。

if 语句的向下转换，在 LowerIfStmt 函数中进行，该函数位于 src/maple_ir/src/mir_lower.cpp 中。LowerIfStmt 函数接收一个 IfStmtNode，返回一个 BlockNode。与此同时，LowerIfStmt 还要接收一个 bool 型的 recursive 参数，来标明要处理的 if 中是否还有递归嵌套。LowerIfStmt 函数内部的处理逻辑较为简单，首先要根据 recursive 参数来判断是否有递归嵌套，如果有递归嵌套，则将其递归嵌套进行展开，代码如下：

```cpp
//第 7 章/mir_lower.cpp
  if (recursive) {
    if (!thenEmpty) {
      ifStmt.SetThenPart(LowerBlock( * ifStmt.GetThenPart()));
    }
    if (!elseEmpty) {
      ifStmt.SetElsePart(LowerBlock( * ifStmt.GetElsePart()));
    }
  }
```

处理了递归情况之后，接下来 LowerIfStmt 函数要处理 if 语句的特殊情况，即 if 语句的 then 和 else 部分都为空。如果 if 语句中的 then 和 else 都为空，那么会直接生成一个 eval 语句，代码如下：

```cpp
//第 7 章/mir_lower1.cpp
  if (thenEmpty && elseEmpty) {
```

```cpp
// generate EVAL < cond > statement
auto * evalStmt = mirModule.CurFuncCodeMemPool()->New
< UnaryStmtNode >(OP_eval);
evalStmt -> SetOpnd(ifStmt.Opnd());
evalStmt -> SetSrcPos(ifStmt.GetSrcPos());
blk -> AddStatement(evalStmt);
```

eval 语句在 IR 设计文档中有定义，只有 opnd0 中包含了 volatile references 的时候，这个语句才不会被优化掉，否则这个语句并没有实际的意义。代码如下：

```
* * eval * *
syntax: `eval (< opnd0 >)`
\< opnd0\> is evaluated but the result is thrown away. If \< opnd0\>
contains volatile references, this statement cannot be optimized
away.
```

处理完 then 和 else 同时为空的情况，接下来要处理 else 为空、then 为空和二者都不为空的情况。如果 if 语句的 else 部分为空，那么 if 语句会被转化为 brfalse 语句；如果 if 语句的 then 部分为空，那么 if 语句会被转化为 brtrue 语句；而如果 if 语句的 then 和 else 都不为空，也就是一个完整的 if-then-else 结构，那么 if 语句会被转为 brfalse 和 goto。这部分代码较为简洁，将各种情况下的操作都封装到了私有成员函数中，代码如下：

```cpp
//第 7 章/mir_lower2.cpp
  } else if (elseEmpty) {
    // brfalse < cond >< endlabel >
    // < thenPart >
    // label < endlabel >
```

```
      CreateBrFalseStmt( * blk, ifStmt);
    } else if (thenEmpty) {
      // brtrue <cond><endlabel>
      // <elsePart>
      // label <endlabel>
  CreateBrTrueStmt( * blk, ifStmt);
    } else {
      // brfalse <cond><elselabel>
      // <thenPart>
      // goto <endlabel>
      // label <elselabel>
      // <elsePart>
      // label <endlabel>
  CreateBrFalseAndGotoStmt( * blk, ifStmt);
    }
```

至此,LowerIfStmt 函数已经处理了 if-then-else 的所有情况。通过上述代码分析,我们清楚 if 语句在向下转换的过程中,根据自身的情况,最终转化为 brtrue、brfalse 或 brfalse 和 goto 的结合体。同时,如果对这部分的实现进一步深入跟踪,就可以了解构建 brtrue、brfalse 等语句的相关接口和使用方法,有这部分需求的读者可以进一步跟踪和挖掘。

7.5.2 while 和 dowhile 语句的向下转换

while 和 dowhile 对应的节点类都是 WhileStmtNode,WhileStmtNode 继承自 UnaryStmtNode,UnaryStmtNode 继承自 StmtNode 类,StmtNode 继承自 BlockNode。所以,二者的向下转换都是从一个 WhileStmtNode 类的对象变成一个 BlockNode 类的对象。但是,while 和 dowhile 的向下转换,是以不同的方式来处理

第 7 章 Maple IR 的处理流程分析

的,因为其语句结构不同,一个是条件在前,执行代码在后;一个是条件在后,执行代码在前。本部分内容将以 while 语句为主,兼顾 dowhile 语句,对二者的向下转换进行分析和介绍。

while 语句的向下转换实现,它位于 src/maple_ir/src/mir_lower.cpp 之中的 BlockNode * MIRLower::LowerWhileStmt (WhileStmtNode & whileStmt) 函数中,代码如下:

```cpp
//第 7 章/mir_lower3.cpp
  BlockNode *MIRLower::LowerWhileStmt(WhileStmtNode &whileStmt) {
ASSERT(whileStmt.GetBody() != nullptr, "nullptr check");
  whileStmt.SetBody(LowerBlock(*whileStmt.GetBody()));
  auto *blk = mirModule.CurFuncCodeMemPool()->New<BlockNode>();
  auto *brFalseStmt = mirModule.CurFuncCodeMemPool()->New
<CondGotoNode>(OP_brfalse);
  brFalseStmt->SetOpnd(whileStmt.Opnd());
  brFalseStmt->SetSrcPos(whileStmt.GetSrcPos());
  LabelIdx lalbeIdx = mirModule.CurFunction()->GetLabelTab()->
CreateLabel();

(void)mirModule.CurFunction()->GetLabelTab()->
AddToStringLabelMap(lalbeIdx);
  brFalseStmt->SetOffset(lalbeIdx);
  blk->AddStatement(brFalseStmt);
   LabelIdx bodyLableIdx = mirModule.CurFunction()->
GetLabelTab()->CreateLabel();

(void)mirModule.CurFunction()->GetLabelTab()->
AddToStringLabelMap(bodyLableIdx);
  auto *lableStmt = mirModule.CurFuncCodeMemPool()->New
<LabelNode>();
  lableStmt->SetLabelIdx(bodyLableIdx);
  blk->AddStatement(lableStmt);
  blk->AppendStatementsFromBlock(*whileStmt.GetBody());
```

```
    auto * brTrueStmt = mirModule.CurFuncCodeMemPool()->New
<CondGotoNode>(OP_brtrue);

    brTrueStmt->SetOpnd(whileStmt.Opnd()->CloneTree(mirModule.
GetCurFuncCodeMPAllocator()));
    brTrueStmt->SetOffset(bodyLableIdx);
    blk->AddStatement(brTrueStmt);
    lableStmt = mirModule.CurFuncCodeMemPool()->New<LabelNode>();
    lableStmt->SetLabelIdx(lalbeIdx);
    blk  >AddStatement(lableStmt);
    return blk;
}
```

while 语句的语法比较简单,代码如下:

```
while <cond><body>
```

对 while 语句进行分析,首先要确认 while 的 body 是否还有嵌套结构,通过 LowerBlock 操作,确保其 body 部分已经被充分展开,并重新挂载回 whileStmt,代码如下:

```
whileStmt->SetBody(LowerBlock(whileStmt->GetBody()));
```

之后,新建了一个 BlockNode,名字叫作 blk。它就是在后续执行完毕之后要返回的值,代码如下:

```
BlockNode * blk = mirModule.CurFuncCodeMemPool()->New
<BlockNode>();
```

然后,新建了一个 brfalse 语句,并设置它的操作数,它的操作数就是 while 的操作数，也即 while 语句的 cond。然后设置代码位置，此代码位置和 while 语句的代码位置相同。代码如下：

```
CondGotoNode * brFalseStmt = mirModule.CurFuncCodeMemPool()->
New<CondGotoNode>(OP_brfalse);
brFalseStmt->SetOpnd(whileStmt->Opnd());
brFalseStmt->SetSrcPos(whileStmt->GetSrcPos());
```

新建一个 label，然后将其加入当前函数的 label table 中，并把 label 设置到 brfalse 的跳转。这个时候，关于 brfalse 的跳转已经完全设置完毕，将其作为语句添加到 BlockNode（即 blk）中。这时候添加的 label，它的 ID 为 lalbeIdx，只是目前只有这个 label ID，还没创建对应的 label node。代码如下：

```
LabelIdx lalbeIdx = mirModule.CurFunction()->GetLabelTab()->
CreateLabel();

(void) mirModule.CurFunction()->GetLabelTab()->
AddToStringLabelMap(lalbeIdx);
brFalseStmt->SetOffset(lalbeIdx);
blk->AddStatement(brFalseStmt);
```

新建第二个 label，其实是 body label，用来表示 while 中的 body 部分。这里也只是创建了一个 label ID，还没创建 label node。代码如下：

```
LabelIdx bodyLableIdx = mirModule.CurFunction()->GetLabelTab()->
CreateLabel();

(void) mirModule.CurFunction()->GetLabelTab()->
AddToStringLabelMap(bodyLableIdx);
```

创建第二个 label(ID 为：bodyLableIdx)对应的 label node,并将其和 ID 对应起来,然后将其加入 blk 中。在此语句之后,再将 body 代码加入 blk 中。代码如下：

```
//第 7 章/mir_lower4.cpp
  LabelNode * lableStmt = mirModule.CurFuncCodeMemPool()->New
<LabelNode>();
  lableStmt->SetLabelIdx(bodyLableIdx);
  blk->AddStatement(lableStmt);
  ASSERT(whileStmt->GetBody(), "null ptr check");
  blk->AppendStatementsFromBlock(whileStmt->GetBody());
```

创建 brtrue 语句,并将其条件设置为 while 的 cond,然后将其跳转 label 设置为 bodyLableIdx,之后将其加入 blk 中。代码如下：

```
//第 7 章/mir_lower5.cpp
  CondGotoNode * brTrueStmt = mirModule.CurFuncCodeMemPool()->New
<CondGotoNode>(OP_brtrue);

  brTrueStmt -> SetOpnd (whileStmt -> Opnd() -> CloneTree
(mirModule.CurFuncCodeMemPoolAllocator()));
  brTrueStmt->SetOffset(bodyLableIdx);
  blk->AddStatement(brTrueStmt);
```

新建一个 label node,将其 ID 设置为 lalbeIdx,与前文的 lalbeIdx 对应起来,并将其添加到 blk 之中。这时候已经到达了我们创建 BlockNode 的最后一条语句,完成任务。然后返回 blk。代码如下：

```
  lableStmt = mirModule.CurFuncCodeMemPool()->New<LabelNode>();
  lableStmt->SetLabelIdx(lalbeIdx);
  blk->AddStatement(lableStmt);
  return blk;
```

此时，while 语句已经从最初的形式被转变为更加低层次的形式，这种形式主要通过 brfalse、brtrue 和 label 等构成，代码如下：

```
//第 7 章/mir_lower6.cpp
    brfalse <cond><endlabel>
  label <bodylabel>
   <body>
    brtrue <cond><bodylabel>
  label <endlabel>
```

上文中提到的 labelID 为 lalbeIdx 的 label，是这里的 endlabel；ID 为 bodyLableIdx 的 label，是这里的 bodylabel。至此，已经完成了 while 的向下转换。

dowhile 的转换，要比 while 简单一些，其实现位于函数 BlockNode * MIRLower::LowerDowhileStmt（WhileStmtNode &doWhileStmt）中。dowhile 初始形态结构先执行 body，然后再判断 cond，代码如下：

```
dowhile <body><cond>
```

dowhile 将要通过 lower 操作进行转换为更加低层的形式，这种形式主要由 label 和 brtrue 组成，代码如下：

```
label <bodylabel>
<body>
   brtrue <cond><bodylabel>
```

dowhile 的向下转换，只添加了一个 label，并用了一个 brtrue。代码和 while 类似，没有调用新的函数，代码数量还减半了，难度也降低了,相当于 while 处理的后半部分,不再重复叙述。

7.5.3　doloop 语句的向下转换

doloop 语句的向下转换,也位于源码 src/maple_ir/src/mir_lower.cpp 中的 BlockNode * MIRLower::LowerDoloopStmt (DoloopNode &doloop) 函数,其所做的转换是将 doloop 从初始形态转换为更加低层的目标形态。初始形态代码如下:

```
doloop < do - var >(< start - expr >,< cont - expr >,< incr - amt >)
{< body - stmts >}
```

目标形态代码如下:

```
//第 7 章/mir_lower7.cpp
    dassign < do - var > (< start - expr >)
    brfalse < cond - expr >< endlabel >
label < bodylabel >
    < body - stmts >
    dassign < do - var > (< incr - amt >)
    brtrue < cond - expr >< bodylabel >
label < endlabel >
```

LowerDoloopStmt 函数的操作,其实是将一个 DoloopNode 转换为一个 BlockNode。DoloopNode 继承自 StmtNode,StmtNode 则继承自 BaseNode 和 PtrListNodeBase < StmtNode >。

分析要生成的目标代码结构,其中有两个 label,1 个是结尾处的 endlabel,1 个是中间的 bodylabel。通过前面的分析,我们知道 label 的建立需要两个过程。第 1 个过程,为这个 label 建立 1 个 ID,并将这个 ID 放到控制语句里,作为跳转的目标 label;同时,将

第 7 章 Maple IR 的处理流程分析

该 label 放到函数的 label table 中。第 2 个过程,为这个 label 建立一个对应的 LabelNode,二者是通过 label 的 ID 绑定的,将该 LabelNode 加入新建的 BlockNode 中,然后为这个 label 附上代码。以 doloop 将要转换为的形式来作为实例,那么 bodylabel 是一个 label 的 ID,其对应一个 LabelNode,代码如下:

```
label < bodylabel >
```

之后还要为其附上要执行的代码,代码如下:

```
< body - stmts >
  dassign < do - var > (< incr - amt >)
  brtrue < cond - expr >< bodylabel >
```

而 endlabel 也是一个 label 的 ID,其对应的 LabelNode 只有一个最初语句,并没有附加代码。

doloop 语句的具体向下转换源码中,需要注意两处 doloop→IsPreg() 判断之后的处理。IsPreg() 是 DoloopNode 的成员函数 (DoloopNode 的定义位于 src/maple_ir/src/mir_nodes.cpp),其实它要获取 isPreg 的值,代码如下:

```
bool IsPreg() const {
  return isPreg;
}
```

而 isPreg 是 DoloopNode 的一个私有成员变量,并且默认值是 false,代码如下:

```
//第 7 章/mir_lower8.cpp
```

```
DoloopNode() : DoloopNode(StIdx(), false, nullptr, nullptr,
nullptr, nullptr) {}
DoloopNode(StIdx doVarStIdx, bool isPReg, BaseNode * startExp,
BaseNode * contExp, BaseNode * incrExp, BlockNode * doBody)
     : StmtNode(OP_doloop, kOperandNumDoloop),
       doVarStIdx(doVarStIdx),
       isPreg(isPReg),
       startExpr(startExp),
       condExpr(contExp),
       incrExpr(incrExp),
       doBody(doBody) {}
```

isPreg 可以通过 SetIsPreg() 进行设置,代码如下:

```
void SetIsPreg(bool isPregVal) {
   isPreg = isPregVal;
}
```

所以 isPreg 的默认值为 false 是常态,这种情况下对 doloop 向下转换,就如本文前半部分讨论的过程和结果。但是如果 isPregVal 的默认值为 true,那么就会有不同的处理方式,代码如下:

```
        dassign <do-var> (<start-expr>)
 ...
        dassign <do-var> (<incr-amt>)
```

这两条语句的生成之上。不再使用 dassign 语句,而会生成两条 regassign。dassign 的语法如下:

```
syntax: dassign <var-name><field-id> (<rhs-expr>)
```

第 7 章 Maple IR 的处理流程分析

regassign 的语法如下：

> syntax: regassign < prim - type > < register > (< rhs – expr >)

可以明显地看出二者的差别。根据 isPreg 值的情况，选择是使用 dassign 或 regassign。二者的区别主要是赋值对象的区别，前者是变量，后者是寄存器。这也就解释了 isPreg 的存在意义，标明其循环的初始值和其运行中的增量是否存在寄存器中。除了此部分之外，其余的都是 label 和 brfalse\brtrue 的操作，和前文所分析的操作相似。

总之，通过控制流语句的向下转换处理，可以看到其中的共同之处，主要是构建 label 和 brfalse\brtrue，然后组成新的扁平化结构的控制流语句。

第 8 章

Me 体系实现

在方舟编译器内部,还有一个 Me 体系,主要由 MeFunction 与 MeCFG、BB、MeStmt、MeExpr 等类一起组成。本部分内容将对 Me 体系进行分析和介绍,为后续理解 MeFuncPhase 的执行打下基础。

8.1 MeFunction 实现

MeFunction 是 MeFuncPhase 执行的基础,是在 MeFuncPhase 执行之前就要被构建好的。本部分内容将对 MeFunction 的实现做一个简单的介绍。

MeFunction 的定义在 src/maple_me/include/me_function.h 之中,代码如下:

```
class MeFunction : public FuncEmit {
```

MeFunction 继承自 FuncEmit 类,FuncEmit 类定义在 src/maple_me/include/func_emit.h,实现在 src/maple_me/src/func_ emit.cpp 中。其定义较为简单，代码如下：

```
//第8章/func_emit.h
// Provide emit service for both MeFunction and WpoFunction.
namespace maple {
class FuncEmit {
 public:
  void EmitBeforeHSSA(MIRFunction &func, const MapleVector < BB * > &bbList) const;
  virtual ~FuncEmit() = default;

 private:
  void EmitLabelForBB(MIRFunction &func, BB &bb) const;
};
} // namespace maple
```

根据上述代码的注释，其主要是为 MeFunction 和 WpoFunction 提供代码生成服务。按照这个描述，MeFunction 和 WpoFunction 应该都是其子类。但是这次发布的内容中，没有找到 WpoFunction 相关的内容，或许等其他部分源码开源之后，再看这个类到底是做什么的。FuncEmit 只有一个 public 的成员函数 EmitBeforeHSSA，其所做的操作是将 MapleVector < BB * > 的 bb 插入到 func 里。

MeFunction 继承自 FuncEmit 的 EmitBeforeHSSA 成员函数，在目前开源的代码范围内只使用了一次，在 src/maple_me/src/me_emit.cpp 中，代码如下：

```
AnalysisResult * MeDoEmit::Run(MeFunction * func, MeFuncResultMgr * funcResMgr, ModuleResultMgr * moduleResMgr) {
```

MeDoEmit 是一个继承自 MeFuncPhase 的 phase，也就是说

它本身就是一个 MeFuncPhase 类别的 phase，是这次公布的代码中 8 个 phase 之一，其核心函数就是这个 Run 函数。

MeFunction 的 Prepare() 的具体代码位于 src/maple_me/src/me_function.cpp，其中调用了 MIRLower 的 LowerFunc，这就是 IR 的向下转换操作。同时，这里还通过一系列的操作和验证，构建了 MeCFG。代码如下：

```cpp
//第 8 章/me_function.cpp
void MeFunction::Prepare(unsigned long rangeNum) {
    if (!MeOption::quiet) {
LogInfo::MapleLogger ( ) << " --- Preparing Function < " <<
CurFunction()->GetName() << " > [" << rangeNum << "] ---\n";
    }
    /* lower first */
    MIRLower mirLowerer(mirModule, CurFunction());
    mirLowerer.Init();
    mirLowerer.SetLowerME();
    mirLowerer.SetLowerExpandArray();
    ASSERT(CurFunction() != nullptr, "nullptr check");
    mirLowerer.LowerFunc( * CurFunction());
CreateBasicBlocks();
    if (NumBBs() == 0) {
        /* there's no basicblock generated */
        return;
    }
RemoveEhEdgesInSyncRegion();
    theCFG = memPool->New<MeCFG>( * this);
    theCFG->BuildMirCFG();
    if (MeOption::optLevel > MeOption::kLevelZero) {
        theCFG->FixMirCFG();
    }
    theCFG->VerifyLabels();
    theCFG->UnreachCodeAnalysis();
```

```
    theCFG->WontExitAnalysis();
    theCFG->Verify();
}
```

MeFunction 除了上文提到的 Prepare() 和 EmitBeforeHSSA() 之外, 还有一系列与 BasicBlock 相关操作的成员函数。

总体而言, MeFunction 是一个很重要的类, 在生命周期上, 它通常是发生在 MIRFunction 之后。MeFunction 类是进行 MeFuncPhase 类别 phase 进行转化的载体, 它必须在 phase 执行之前构建好, 并且进行 lower、生成 MeCFG 等操作。

8.2　MeCFG 实现

在 MeFunction 的 Prepare() 函数中, 生成了 MeCFG。本部分内容将介绍 MeCFG 的实现。

MeCFG 的定义和实现是在文件 src/maple_me/include/me_cfg.h 和 src/maple_me/src/me_cfg.cpp 中。

MeCFG 只有 func 和 hasDoWhile 两个成员变量。func 用于将 MeCFG 对应到一个具体的 MeFunction。hasDoWhile 用于表示是否有 DoWhile, 从目前已经公开的代码来看, 属于冗余的成员变量, 并没有被使用。这两个变量的声明代码如下:

```
MeFunction &func;
bool hasDoWhile = false;
```

MeCFG 的成员函数主要有：BuildMirCFG、FixMirCFG、ConvertPhis2IdentityAssigns、UnreachCodeAnalysis、WontExitAnalysis、Verify、VerifyLabels、Dump、DumpToFile、FindExprUse、FindUse、FindDef 和 HasNoOccBetween，代码如下：

```
//第 8 章/me_cfg.h
  void BuildMirCFG();
  void FixMirCFG();
  void ConvertPhis2IdentityAssigns(BB &meBB) const;
  void UnreachCodeAnalysis(bool updatePhi = false);
  void WontExitAnalysis();
  void Verify() const;
  void VerifyLabels() const;
  void Dump() const;
  void DumpToFile(const std::string &prefix, bool dumpInStrs = false) const;
  bool FindExprUse(const BaseNode &expr, StIdx stIdx) const;
  bool FindUse(const StmtNode &stmt, StIdx stIdx) const;
  bool FindDef(const StmtNode &stmt, StIdx stIdx) const;
  bool HasNoOccBetween(StmtNode &from, const StmtNode &to, StIdx stIdx) const;
```

其中，BuildMirCFG 构建 MIR 的控制流图；FixMirCFG 修复 MIR 的控制流图；ConvertPhis2IdentityAssigns 将 phi 指令转换为明确的赋值（identify assignment）；UnreachCodeAnalysis 未到达代码分析，主要分析从函数入口无法到达的 BB，然后删除它们；WontExitAnalysis 分析查找不会到达函数退出位置的 BB，然后为其添加不会退出标记，并为其创建可以到达 comment_exit_bb 的路径；Verify 检验 MeFunction 中的 BB 的属性和 CFG 属性是否正常；VerifyLabels 检验 Lable 是否正确；Dump 和 DumpToFile 都是要 dump 出信息，只是方式不同；FindExprUse 查找表达式是否使用，具体来说就是 stIdx（符号）是否在 expr 中使用；FindUse 查找 stIdx（符号）是否在 stmt 中使用；FindDef 查找 stIdx（符号）是否在 stmt 中定义；HasNoOccBetween 查找 stIdx（符号）没有从 from 到 to 中使用或者定义，没有则返回 true；这个成员函数要调用 FindUse 和 FindDef 来实现。

MeCFG 在目前开源的代码中只在 MeFunction 中被使用。共在两个部分使用，第 1 个部分是 src/maple_me/include/me_function.h 中对于 theCFG 的 get/set 操作，其中 theCFG 是 MeFunction 的 MeCFG * 类型的成员变量，代码如下：

```
//第8章/me_function.h
  MeCFG * GetTheCfg() {
    return theCFG;
  }

  void SetTheCfg(MeCFG * currTheCfg) {
    theCFG = currTheCfg;
  }
```

MeCFG 在 MeFunction 中使用的第 2 个部分，在我们前面提到的 Prepare 函数中，这里是为 MeFunctionPhase 运行做准备而构建的 MeCFG，也通过 theCFG 来进行操作，代码如下：

```
//第8章/me_function1.cpp
  theCFG = memPool->New<MeCFG>(*this);
  theCFG->BuildMirCFG();
theCFG->FixMirCFG();
  theCFG->VerifyLabels();
  theCFG->UnreachCodeAnalysis();
  theCFG->WontExitAnalysis();
  theCFG->Verify();
```

上述代码中,第一条语句为 theCFG 新建对象并申请空间,后续的几条代码主要是新建控制流图,然后是各种分析和验证的过程,相对容易理解。

8.3 BB 实现

MeFunction 的成员函数内有一系列关于 BasicBlock 的操作,MeCFG 也跟 BasicBlock 相关,本部分将对 BasicBlock 的相关实现进行介绍。

BasicBlock 是程序构成中的一个概念,通常指单进单出的代码段。Me 体系中的 BasicBlock 的具体实现类是 BB。BB 类主要的代码位于 src/maple_me/include/bb.h 和 src/maple_me/src/bb.cpp 中。

BB 的种类表达是通过 BBKind 这个枚举实现的,它位于 src/maple_me/include/bb.h 中,主要分为:Unknown、CondGoto、Goto、Fallthru、Return、AfterGosub、Switch 和 Invalid,代码如下:

```
//第 8 章/bb.h
enum BBKind {
    kBBUnknown,        // uninitialized
    kBBCondGoto,
    kBBGoto,           // unconditional branch
    kBBFallthru,
    kBBReturn,
    kBBAfterGosub,// the BB that follows a gosub, as it is an entry
                  //point
```

```
    kBBSwitch,
    kBBInvalid
};
```

BB 的属性是通过枚举 BBAttr 实现的，它的代码位于 src/maple_me/include/bb.h 中，主要可以分为 Entry、Exit、WontExit、IsTry、IsTryEnd、IsJSCatch、IsJSFinally、IsCatch、IsJavaFinally、IsCatch、IsJavaFinally、Artificial、IsInLoop 和 IsInLoopForEA。代码如下：

```
//第 8 章/bb1.h
enum BBAttr : uint32 {
    kBBAttrIsEntry = utils::bit_field_v<1>,
    kBBAttrIsExit = utils::bit_field_v<2>,
    kBBAttrWontExit = utils::bit_field_v<3>,
    kBBAttrIsTry = utils::bit_field_v<4>,
    kBBAttrIsTryEnd = utils::bit_field_v<5>,
    kBBAttrIsJSCatch = utils::bit_field_v<6>,
    kBBAttrIsJSFinally = utils::bit_field_v<7>,
    kBBAttrIsCatch = utils::bit_field_v<8>,
    kBBAttrIsJavaFinally = utils::bit_field_v<9>,
    kBBAttrArtificial = utils::bit_field_v<10>,
    kBBAttrIsInLoop = utils::bit_field_v<11>,
    kBBAttrIsInLoopForEA = utils::bit_field_v<12>
};
```

BB 的成员函数数量很多，但是可将其分为以下几类：Dump 类成员函数；BB 属性的设置、获取、字符化等成员函数；几种插入和删除 BB 的成员函数；几种对 BB 中的 stmt 的插入和删除的成员函数；几种添加、删除和更新 MeStmt 的成员函数。BB 的成员函数的操作相对比较清晰，都是直接对 BB 的操作，比较易于理解。

BasicBlock 和 Function 在 MIR 中的设计系统有点不同。Function 在 IR 操作层面有 MIRFunction 和 MeFunction 两个，前者使用的环节比后者要早一点，也是构建后者的基础。在这个过程中，并没有和 MIRFunction 所对应的 BasicBlock 的表达，BB 实际上是位于 MeFunction 层面的 BasicBlock，因为在 MIRFunction 层面的时候，并不强调 BasicBlock 这个概念，而是在处理 lower 操作时，才根据函数内部的情况创建了 BasicBlock。

8.4　MeStmt 实现

MeStmt 从结构上来讲，是继 MeFunction 和 BasicBlock 之后，更小的一级代码表示单位，主要用来表示 Me 层面的语句。本部分内容将对 MeStmt 的实现进行简单介绍。

MeStmt 定义及实现在 src/maple_me/include/me_ir.h 和 src/maple_me/src/me_ir.cpp 中。MeStmt 的成员变量主要有 op、isLive、bb、srcPos、prev 和 next。其中，op 表示该 MeStmt 的操作码；isLive 表示该 MeStmt 是否存活；bb 表示该 MeStmt 对应的 BB；srcPos 表示该 MeStmt 所对应的源码所在的位置；prev 表示该 MeStmt 的前一条 MeStmt；next 表示该 MeStmt 的下一条 MeStmt。这些成员变量的定义，代码如下：

```
//第 8 章/me_ir.h
  Opcode op;
  bool isLive = true;
```

```
BB * bb = nullptr;
SrcPosition srcPos;
MeStmt * prev = nullptr;
MeStmt * next = nullptr;
```

MeStmt 的成员函数较多，但是多数是对成员变量的操作，比较容易理解。MeStmt 有一批子类，这些子类针对具体的语句，基本上等于每一条语句都有一个对应的类来表达，这些继承关系可以从文件 src/maple_me/include/me_ir.h 中看到，代码如下：

```
//第 8 章/me_ir1.h
class PaiassignMeStmt : public MeStmt {
…
class DassignMeStmt : public MeStmt {
…
class RegassignMeStmt : public MeStmt {
…
class MaydassignMeStmt : public MeStmt {
…
class IassignMeStmt : public MeStmt {
…
class NaryMeStmt : public MeStmt {
…
// eval, free, decref, incref, decrefreset, assertnonnull
class UnaryMeStmt : public MeStmt {
…
class GotoMeStmt : public MeStmt {
…
class JsTryMeStmt : public MeStmt {
…
class TryMeStmt : public MeStmt {
…
```

```
class CatchMeStmt : public MeStmt {
...
class CommentMeStmt : public MeStmt {
...
class WithMuMeStmt : public MeStmt {
...
// assert ge or lt for boundary check
class AssertMeStmt : public MeStmt {
...
```

其中,UnaryMeStmt 也有它自己的子类(src/maple_me/include/me_ir.h),代码如下:

```
class CondGotoMeStmt : public UnaryMeStmt {
...
class SwitchMeStmt : public UnaryMeStmt {
```

NaryMeStmt 也有自己的子类,其中包含了一系列 call 相关的子类,代码如下:

```
class CallMeStmt : public NaryMeStmt, public MuChiMePart, public AssignedPart {
...
class IcallMeStmt : public NaryMeStmt, public MuChiMePart, public AssignedPart {
...
class IntrinsiccallMeStmt : public NaryMeStmt, public MuChiMePart, public AssignedPart {
```

MuChiMePart 和 AssignedPart 类也都在同个头文件中定义了,没有继承自任何类。NaryMeStmt 除了 call 系列的子类之外,还有两个子类,代码如下:

```
class RetMeStmt : public NaryMeStmt {
…
class SyncMeStmt : public NaryMeStmt, public MuChiMePart {
```

WithMuMeStmt 也有自己的子类,代码如下:

```
class GosubMeStmt : public WithMuMeStmt {
…
class ThrowMeStmt : public WithMuMeStmt {
```

另外还有独立的类:ChiMeNode、MustDefMeNode 等。

通过以上的分析,我们可以看到 MeStmt 及其子类所构成的体系,和之前语句所对应的节点类的体系是完全不同的体系。MeStmt 是一个相对独立的体系,其和语句有较强的一对一对应关系,这其实说明在 MeStmt 这个层面,对应关系已经逐渐接近于底层,变得更加扁平化了。也可以理解为,Me 层面的 IR 表示更加接近于底层,比之前介绍的 Maple IR 层面更加接近底层。

8.5　MeExpr 实现

MeExpr 是比 MeStmt 更小一级的概念,它也是与 MeStmt 相关内容比较重要的一部分,本部分将就 MeExpr 的实现进行一个简单的介绍。

MeExpr 定义及实现也位于 src/maple_me/include/me_ir.h 和 src/maple_me/src/me_ir.cpp 中。MeExpr 的成员变量主要是

primType、numOpnds、meOp、exprID、depth、treeID 和 next。其中，primType 用来表示该 MeExpr 的基本类型；numOpnds 用来表示该 MeExpr 的操作数；meOp 用来表示该 MeExpr 的操作码；exprID 表示该 MeExpr 的 ID；depth 表示该 MeExpr 的深度；treeID 表示该 MeExpr 的树 ID；next 表示该 MeExpr 的下一条 MeExpr。这些成员变量的定义代码如下：

```
//第8章/me_ir2.h
  PrimType primType = kPtyInvalid;
  uint8 numOpnds = 0;
MeExprOp meOp;
  int32 exprID;
  uint8 depth = 0;
  uint32 treeID = 0;      // for bookkeeping purpose during SSAPRE
  MeExpr * next = nullptr;
```

MeExpr 的成员变量 meOp 是 MeExprOp 类型的，MeExprOp 是 MeExpr 的操作码，它被定义为一个枚举，它的定义位于 src/maple_me/include/me_ir.h 中。代码如下：

```
//第8章/me_ir3.h
  enum MeExprOp : uint8 {
    kMeOpUnknown,
    kMeOpVar,
    kMeOpIvar,
    kMeOpAddrof,
    kMeOpAddroffunc,
    kMeOpGcmalloc,
    kMeOpReg,
    kMeOpConst,
    kMeOpConststr,
```

```
    kMeOpConststr16,
    kMeOpSizeoftype,
    kMeOpFieldsDist,
    kMeOpOp,
    kMeOpNary
};  // cache the op to avoid dynamic cast
```

MeExprOp 所定义的操作码类型,和 MAPLE IR DESIGN 文档中的 Leaf Opcodes 部分内容有部分可以对应得上。Leaf Opcodes 有 addrof、addroffunc、constval、conststr、conststr16 和 sizeoftype,这些在 MeExprOp 中也有定义。

MeExprOp 中的每个类别(除了 kMeOpUnknown 之外),都有一个对应的类,这些类都是 MeExpr 类的子类。这些类的代码位于 src/maple_me/src/me_ir.cpp 中,代码如下:

```
//第 8 章/me_ir.cpp
// represant dread
class VarMeExpr : public MeExpr {
...
class RegMeExpr : public MeExpr {
...
class ConstMeExpr : public MeExpr {
...
class ConststrMeExpr : public MeExpr {
...
class Conststr16MeExpr : public MeExpr {
...
class SizeoftypeMeExpr : public MeExpr {
...
class FieldsDistMeExpr : public MeExpr {
...
```

```
class AddrofMeExpr : public MeExpr {
...
class AddroffuncMeExpr : public MeExpr {
...
class GcmallocMeExpr : public MeExpr {
...
class OpMeExpr : public MeExpr {
...
class IvarMeExpr : public MeExpr {
...
// for array, intrinsicop and intrinsicopwithtype
class NaryMeExpr : public MeExpr {
```

根据上述代码的注释，VarMeExpr 是为了表达 dread，dread 也是 Leaf Opcode。NaryMeExpr 是为了表达 array、intrinsicop 和 intrinsicopwithtype，它们是 N-ary Expression Opcodes。

MeExpr 及其子类的成员函数相对都较为简单，除了相关内容的 set/get 之外，主要是一些判定、dump，还有一些极个别的其他操作。

经过上述分析，我们可以看到在 IR 中，Me 是有一套自己的体系的。上面涉及的 MeFunction、BB、MeStmt、MeExpr 都是这个体系的一部分，根据源码目录的命名可以认为是 Me IR 体系。而之前分析过的 MIRModule、MIRFunction、Node 体系，这是另外一个体系，根据源码目录的分类，可以认为是 Maple IR 体系。Maple IR 要比 Me IR 在编译器的执行环节上更靠前一些，也就是说 Maple IR 这套体系要比 Me IR 这套体系更接近源码层，而 Me IR 要比 Maple IR 更接近底层。

第 9 章

方舟编译器 phase 体系的设计与实现

方舟编译器设计了一套 phase 体系，通过 phase 体系实现对优化措施的具体实现及管理。目前在方舟编译器开源的代码中，phase 体系主要运用在中端的优化之上。本章将对 phase 体系的设计进行分析，并对其在设计体系中的具体实现在源码层面上进行解读。

9.1　phase 体系的总体设计与实现

对 phase 体系进行深入理解，必须先理解 phase 体系的整体状况。本部分内容将对 phase 体系的总体设计与实现进行介绍。

目前，与已经开源的 phase 体系相关的主要内容有文档《方舟编译器 phase 设计介绍》和一部分源码。源码主要位于 src/maple、src/maple_ipa 和 src/maple_me 目录下。src/maple_phase 源码目录中没有具体的实现文件，只有 phase.h、phase_impl.h 和 phase_manager.h。剩下的两个目录的头文件和源码都是齐全的。phase

体系的源码相对比较齐全，是目前开源的两大块源码之一。另外一大块源码则是与 Maple IR 相关的内容。

  phase 是构成方舟编译器中端的主要组成部分，它可以分为两大类：ModulePhase 和 MeFuncPhase。ModulePhase 类别的 phase 都继承自 ModulePhase 类，MeFuncPhase 类别的 phase 都继承自 MeFuncPhase 类，而 ModulePhase 类和 MeFuncPhase 类都继承自 Phase 类。其中，ModulePhase 类别 phase 的操作对象是 module，而 MeFuncPhase 类别 phase 的操作对象是 MeFunction。

  PhaseManager 类负责 phase 的创建、管理和运行。对应于 ModulePhase 和 MeFuncPhase 这两类 phase，有 ModulePhaseManager 和 MeFuncPhaseManager 两个类去做具体的创建、管理和运行。其中，ModulePhaseManager 类负责 ModulePhase 类别 phase 的创建、管理和运行，MeFuncPhaseManager 类负责 MeFuncPhase 类别 phase 的创建、管理和运行。ModulePhaseManager 类和 MeFuncPhaseManager 类都继承于 PhaseManager 类。

  InterleavedManager 类负责 phase 管理类（即 ModulePhaseManager 类和 MeFuncPhaseManager 类）的创建、管理和运行。整个 phase 体系的继承关系和管理关系如图 9.1 所示。图 9.1 中的虚线表示类的继承关系，实线表示的是创建、管理和运行关系。ModulePhase 子类指的是 ModulePhase 类别的具体 phase，MeFuncPhase 子类指的是 MeFuncPhase 类别的具体 phase。图中左边部分展现了 phase 体系中的 phase 的继承关系，右边部分则是 phase 体系中的管理体系，右边和左边的交互部分，则是实际运行中对具体的 phase 的实际管理。

第 9 章 方舟编译器 phase 体系的设计与实现

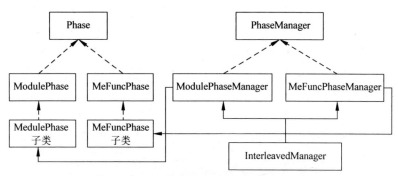

图 9.1 phase 体系的继承关系和管理关系

此外,还有一个 DriverRunner 类,它包含了从一个 mpl 文件到优化结果文件的所有过程。它通过宏的方式来集中管理所有的 phase,当然它的管理链条也是通过 InterleavedManager 逐层向下进行的。这部分内容,在后续的内容中还会涉及。

9.2　phase 的注册与新增

phase 体系还设计了两层注册机制,第一层注册机制是在 phase 的类别层面,第二层注册机制是在 phase 整体层面。phase 体系的注册机制,是新增 phase 的重要部分。本部分将对 phase 的注册与新增进行介绍。

前文提到 phase 分为 ModulePhase 和 MeFuncPhase 两类,第一层注册机制就发生在这一层面,每类都有一个专门的注册文件。

ModulePhase 类 phase 的注册文件在 src/maple_ipa/include 目录之下,名为 module_phases.def,这里通过宏 MODTPHASE

注册了 10 个 ModulePhase 类别的 phase，其中有 8 个是针对 Java 语言的 Maple IR 的，只有 2 个是通用型的。鉴于目前方舟编译器只支持这一种编程语言，在当下这个层面，我们可以不用考虑其区别。代码如下：

```
//第 9 章/module_phases.def
MODAPHASE(MoPhase_CHA, DoKlassHierarchy)
MODAPHASE(MoPhase_CLINIT, DoClassInit)
#if MIR_JAVA
MODTPHASE(MoPhase_GENNATIVESTUBFUNC, DoGenerateNativeStubFunc)
MODAPHASE(MoPhase_VTABLEANALYSIS, DoVtableAnalysis)
MODAPHASE(MoPhase_REFLECTIONANALYSIS, DoReflectionAnalysis)
MODTPHASE(MoPhase_VTABLEIMPL, DoVtableImpl)
MODTPHASE(MoPhase_JAVAINTRNLOWERING, DoJavaIntrnLowering)
MODTPHASE(MoPhase_JAVAEHLOWER, JavaEHLowererPhase)
MODTPHASE(MoPhase_MUIDREPLACEMENT, DoMUIDReplacement)
MODTPHASE(MoPhase_CHECKCASTGENERATION, DoCheckCastGeneration)
#endif
```

MeFuncPhase 类别的 phase 的注册文件位于 src/maple_me/include 目录下，文件名为 me_phases.def，共注册了 8 个 MeFuncPhase 类别的 phase，代码如下：

```
//第 9 章/me_phases.def
FUNCAPHASE(MeFuncPhase_DOMINANCE, MeDoDominance)
FUNCAPHASE(MeFuncPhase_SSATAB, MeDoSSATab)
FUNCAPHASE(MeFuncPhase_ALIASCLASS, MeDoAliasClass)
FUNCAPHASE(MeFuncPhase_SSA, MeDoSSA)
FUNCAPHASE(MeFuncPhase_IRMAP, MeDoIRMap)
FUNCAPHASE(MeFuncPhase_BBLAYOUT, MeDoBBLayout)
FUNCTPHASE(MeFuncPhase_EMIT, MeDoEmit)
FUNCTPHASE(MeFuncPhase_RCLOWERING, MeDoRCLowering)
```

第 9 章　方舟编译器 phase 体系的设计与实现

这里并没有区分 Maple IR 是否是针对 Java 语言，但这和上文的 ModulePhase 类别 phase 的注册有了差异。在当下，Java 是唯一支持的语言，在 MeFuncPhase 层面上不区分源语言是否是 Java 有两种可能：Java 相关特性已经在 ModulePhase 层面全部处理完了，不需要在 MeFuncPhase 层面再进行区分；另外一种可能就是在 MeFuncPhase 层面暂时还没对通用 phase 和 Java 源语言专用的 phase 进行区分。

phase 的第一层注册机制，实际上是将所有的 phase 都注册到了本类 phase 所对应的管理类中，方便本类别 phase 的管理类进行后续的操作。ModulePhase 类别的 phase 的注册文件 module_phases.def，在 ModulePhase 类别的 phase 对应的管理类 ModulePhaseManager 的注册 phase 的 RegisterModulePhases 函数中使用，RegisterModulePhases 函数位于 src/maple_ipa/src/module_phase_manager.cpp 中，代码如下：

```cpp
//第 9 章/module_phase_manager.cpp
void ModulePhaseManager::RegisterModulePhases() {
#define MODAPHASE(id, modphase)                        \
  do {                                                 \
    MemPool * memPool = GetMemPool();                  \
    ModulePhase * phase = new (memPool->Malloc(sizeof(modphase(id)))) modphase(id);  \
    CHECK_FATAL(phase != nullptr, "null ptr check ");  \
    RegisterPhase(id, *phase);                         \
    arModuleMgr->AddAnalysisPhase(id, phase);          \
  } while (0);
#define MODTPHASE(id, modphase)                        \
  do {                                                 \
    MemPool * memPool = GetMemPool();                  \
```

```
    ModulePhase *phase = new (memPool->Malloc(sizeof(modphase
(id)))) modphase(id);                  \
    CHECK_FATAL(phase != nullptr, "null ptr check ");  \
    RegisterPhase(id, *phase);          \
  } while (0);
#include "module_phases.def"
#undef MODAPHASE
#undef MODTPHASE
}
```

上述代码通过 MODAPHASE 和 MODTPHASE 两个宏，然后包含 module_phases.def 文件，将 module_phases.def 文件中的 phase 列表通过调用 ModulePhaseManager 继承自 PhaseManager 的 RegisterPhase 函数将要注册的 phase 添加到 registeredPhases 这个列表之中。RegisterPhase 函数的具体代码在 src/maple_phase/include/phase_manager.h 中，代码如下：

```
void RegisterPhase(PhaseID id, Phase &p) {
    registeredPhases[id] = &p;
}
```

MeFuncPhase 类别的 phase 注册文件 me_phases.def，在 MeFuncPhase 类别 phase 对应的管理类 MeFuncPhaseManager 中的注册 phase 的 RegisterFuncPhases 函数中使用，RegisterFuncPhases 函数位于 src/maple_me/src/me_phase_manager.cpp 中，代码如下：

```
//第9章/me_phase_manager.cpp
void MeFuncPhaseManager::RegisterFuncPhases() {
    // register all Funcphases defined in me_phases.def
```

```
#define FUNCTPHASE(id, mePhase)                                    \
  do {                                                             \
    void * buf = GetMemAllocator()->GetMemPool()->Malloc           \
(sizeof(mePhase(id)));                                             \
    CHECK_FATAL(buf != nullptr, "null ptr check");                 \
RegisterPhase(id, *(new (buf) mePhase(id)));                       \
  } while (0);
#define FUNCAPHASE(id, mePhase)                                    \
  do {                                                             \
    void * buf = GetMemAllocator()->GetMemPool()->Malloc           \
(sizeof(mePhase(id)));                                             \
    CHECK_FATAL(buf != nullptr, "null ptr check");                 \
RegisterPhase(id, *(new (buf) mePhase(id)));                       \
    arFuncManager.AddAnalysisPhase(id, (static_cast<MeFuncPhase *> \
(GetPhase(id))));                                                  \
  } while (0);
#include "me_phases.def"
#undef FUNCTPHASE
#undef FUNCAPHASE
}
```

上述代码通过 FUNCTPHASE 和 FUNCAPHASE 两个宏,然后包含 me_phases.def 文件,将 me_phases.def 文件中的 phase 列表通过 RegisterPhase 函数注册到 registeredPhases 列表中。

值得注意的是,两类 phase 的注册中都用了 XXXXTPHASE 和 XXXXAPHASE 这两个类别的宏,其中含有字母 A 的代表的是进行分析的 phase,含有字母 T 的代表的是进行转换的 phase。两类 phase 在本级管理类进行注册的同时,都将分析的 phase 通过 AddAnalysisPhase 进行了额外的处理。

phase 的第二层注册机制是在整体的 phase 层面,这层注册机制为了集中管理所有的 phase。第二层注册机制的注册文件是 src/

maple_driver/defs/phases.def，该文件中列出了所有要运行的 phase，包括了 10 个 ModulePhase 类别的 phase 和 7 个 MeFunctionPhase 类别的 phase。代码如下：

```
//第 9 章/phases.def
ADD_PHASE("classhierarchy", true)
ADD_PHASE("vtableanalysis", true)
ADD_PHASE("reflectionanalysis", true)
ADD_PHASE("gencheckcast", true)
ADD_PHASE("javaintrnlowering", true)
// mephase begin
ADD_PHASE("ssatab", true)
ADD_PHASE("aliasclass", true)
ADD_PHASE("ssa", true)
ADD_PHASE("analyzerc", true)
ADD_PHASE("rclowering", true)
ADD_PHASE("gclowering", true)
ADD_PHASE("emit", true)
// mephase end
ADD_PHASE("GenNativeStubFunc", true)
ADD_PHASE("clinit", true)
ADD_PHASE("VtableImpl", true)
ADD_PHASE("javaehlower", true)
ADD_PHASE("MUIDReplacement", true)
```

上述代码中，ADD_PHASE 这个宏的定义在 src/maple_driver/src/driver_runner.cpp 中，代码如下：

```
#define ADD_PHASE(name, condition)            \
  if ((condition)) {                          \
    phases.push_back(std::string(name));      \
  }
```

phases.def 在 src/maple_driver/src/driver_runner.cpp 中被使用,具体是被 DriverRunner 类的 ProcessMpl2mplAndMePhases 函数使用,代码如下:

```cpp
//第9章/driver_runner.cpp
void DriverRunner::ProcessMpl2mplAndMePhases(const std::string
&outputFile, const std::string &vtableImplFile) const {
  CHECK_MODULE();

  if (mpl2mplOptions || meOptions) {
LogInfo::MapleLogger() << "Processing mpl2mpl&mplme" << '\n';
    MPLTimer timer;
timer.Start();

        InterleavedManager mgr ( optMp, theModule, meInput,
timePhases);
std::vector<std::string> phases;
#include "phases.def"
InitPhases(mgr, phases);
mgr.Run();

    theModule->Emit(vtableImplFile);

timer.Stop();
LogInfo::MapleLogger() << "Mpl2mpl&mplme consumed " << timer.
Elapsed() << "s" << '\n';
  }
}
```

上述代码中,ProcessMpl2mplAndMePhases 函数的实现通过 ADD_PHASE 宏和包含 phases.def,然后调用 InitPhases 函数,将 phase 都挂载到对应的 phase 管理类上,完成 phase 的注册。

phase 的新增，主要可以分为新建 phase 和对新建 phase 进行注册两部分。新建 phase，首先要确认新建 phase 的类别，确认是要新建一个 ModulePhase 类别的 phase，还是要新建一个 MeFuncPhase 类别的 phase。确定之后，根据 ModulePhase 或 MeFuncPhase 去实现新的子类，实现自己所需要的 phase。对新建 phase 进行注册，即通过 phase 的两层注册机制对新建的 phase 进行注册。整个新增 phase 的过程，在新增 phase 的流程图中有很清晰的展示，具体如图 9.2 所示。其中，"创建自定义 phase"就是要确认新建 phase 的类别；"添加 phase 到相应的注册 def"和"添加 phase 到 phases.def"这两层注册，前者就是 phase 的第一层注册，后者就是 phase 的第二层注册，至此已经完成了新增 phase 的创建与注册。

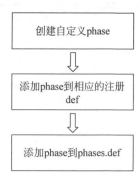

图 9.2 新增 phase 的流程
（图源：官方文档《方舟编译器 phase 设计介绍》）

9.3 phase 的运行机制

phase 的运行机制主要是讨论如何组织并运行这些 phase。比较能体现 phase 体系运行机制的代码是 DriverRunner 类。DriverRunner 是通过 InterleavedManager 对 phase 实行管理，这里的管理就包含了组织并运行这些 phase 的内容。

第9章 方舟编译器 phase 体系的设计与实现

DriverRunner 所要做的就像其名字所传递的直接含义,是一个驱动和运行的角色,它包含了从一个 mpl 文件到优化结果文件的所有过程。这个过程包含了一系列的 phase 运行,这些 phase 是从 mpl 文件到优化结果文件的过程中所必不可少的。DriverRunner 的源码位于 src/maple_driver/include/driver_runner.h 和 src/maple_driver/src/driver_runner.cpp 中。

DriverRunner 中直接体现对 phase 运行机制的代码在其成员函数 ProcessMpl2mplAndMePhases(src/maple_dirver/src/driver_runner.cpp) 中,其中所包含的关于 phase 的准备与执行,代码如下:

```
//第9章/driver_runner1.cpp
    InterleavedManager mgr(optMp, theModule, meInput, timePhases);
std::vector < std::string > phases;
#include "phases.def"
InitPhases(mgr, phases);
    mgr.Run();
```

上述代码所做的事情可以分为 5 步,按照顺序如下所示:第 1 步,定义一个 InterleavedManager 对象 mgr,用来管理要执行的 phase;第 2 步,定义一个字符串 vector 叫作 phases,用来存储要执行的 phase;第 3 步,将要执行的 phase 都添加到 phases 这个 vector 里;第 4 步,将 phases 里的 phase 和 mgr 关联起来;第 5 步,通过 mgr 运行所有的 phase。

其中,第 4 个步骤是将 phases 里的 phase 和 mgr 关联起来。这个过程看起来简单,只是通过"InitPhases(mgr, phases);"来实现的,其实内部包含的机制并不简单。InitPhases 函数的具体实现

129

位于 src/maple_dirver/src/driver_runner.cpp 中,代码如下:

```cpp
//第9章/driver_runner2.cpp
void DriverRunner:: InitPhases ( InterleavedManager &mgr, const
std::vector< std::string > &phases) const {
  if (phases.empty()) {
    return;
  }

  const PhaseManager * curManager = nullptr;
  std::vector< std::string > curPhases;

  for (const std::string &phase : phases) {
    auto temp = mgr.GetSupportPhaseManager(phase);
    if (temp != nullptr) {
      if (temp != curManager) {
        if (curManager != nullptr) {
          AddPhases(mgr, curPhases, *curManager);
        }
        curManager = temp;
        curPhases.clear();
      }
      CHECK_FATAL (curManager != nullptr, "Invalid phase manager");
      AddPhase(curPhases, phase, *curManager);
    }
  }

  if (curManager != nullptr) {
    AddPhases(mgr, curPhases, *curManager);
  }
}
```

上述代码,遍历了 phases 中的所有 phase,并且按照 phases 中的顺序,将 phase 对应到其相应的 PhaseManager 中。这里调用了一个 AddPhase 和一个 AddPhases。前者是将目前已经遍历到的属于同个类型的 phase 放到一个 vector 中；后者是为这些 phase 创建一个对应的 PhaseManager，将这些 phase 压入对应的 PhaseManager 的 phaseSequences 中。

AddPhases 的具体实现代码位于 src/maple_dirver/src/driver_runner.cpp 文件之中，代码如下：

```cpp
//第 9 章/driver_runner3.cpp
void DriverRunner:: AddPhases ( InterleavedManager &mgr, const std::vector<std::string> &phases,
                  const PhaseManager &phaseManager) const {
  const auto &type = typeid(phaseManager);
  if (type == typeid(ModulePhaseManager)) {
mgr.AddPhases(phases, true, timePhases);
  } else if (type == typeid(MeFuncPhaseManager)) {
mgr.AddPhases(phases, false, timePhases, genMeMpl);
  } else {
    CHECK_FATAL(false, "Should not reach here, phases should be handled");
  }
}
```

上述代码中，核心操作是通过调用 mgr.AddPhases 来实现的，mgr.AddPhases 是 InterleavedManager 的 AddPhases 函数，它的具体实现位于 src/maple_ipa/src/interleaved_manager.cpp 文件之中。这里不仅将 phase 序列添加到对应的 PhaseManager 的 phaseSequences 中，同时还将 phase 序列对应的 PhaseManager 添加到 phaseManagers 这个 MapleVector<PhaseManager *>类型的 vector 中，方便后续根据 phaseManagers 就可以直接调用其对

应的 phase。代码如下:

```cpp
//第9章/interleaved_manager.cpp
void InterleavedManager::AddPhases(const std::vector<std::string> &phases, bool isModulePhase, bool timePhases, bool genMpl) {
  ModuleResultMgr *mrm = nullptr;
  if (!phaseManagers.empty()) {
    // ModuleResult such class hierarchy need to be carried on
    PhaseManager *pm = phaseManagers.back();
    mrm = pm->GetModResultMgr();
  }

  if (isModulePhase) {
    auto *mpm = GetMempool()->New<ModulePhaseManager>(GetMempool(), mirModule, mrm);
    mpm->RegisterModulePhases();
    mpm->AddModulePhases(phases);
    if (timePhases) {
      mpm->SetTimePhases(true);
    }
    phaseManagers.push_back(mpm);
  } else { // MeFuncPhase
    auto *fpm = GetMempool()->New<MeFuncPhaseManager>(GetMempool(), mirModule, mrm);
    fpm->RegisterFuncPhases();
    if (genMpl) {
      fpm->SetGenMeMpl(true);
    }
    if (timePhases) {
      fpm->SetTimePhases(true);
    }
    fpm->AddPhasesNoDefault(phases);
    phaseManagers.push_back(fpm);
  }
}
```

第 9 章 方舟编译器 phase 体系的设计与实现

介绍完了 phase 的准备与执行中的第 4 步,接下来对第 5 步进行分析。第 5 步是通过 mgr.Run() 运行所有的 phase。mgr 是 InterleavedManager 类型的,所以需要查看 InterleavedManager 的 Run 函数,其具体实现位于 src/maple_ipa/src/interleaved_manager.cpp 中,代码如下:

```cpp
//第 9 章/interleaved_manager1.cpp
void InterleavedManager::Run() {
  for (auto * pm : phaseManagers) {
    if (pm == nullptr) {
      continue;
    }
    auto * fpm = dynamic_cast<MeFuncPhaseManager *>(pm);
    if (fpm == nullptr) {
      pm->Run();
      continue;
    }
    uint64 rangeNum = 0;
    MapleVector<MIRFunction *> * compList;
    if (!mirModule.GetCompilationList().empty()) {
      if ((mirModule.GetCompilationList().size() != mirModule.GetFunctionList().size()) &&
          (mirModule.GetCompilationList().size() !=
           mirModule.GetFunctionList().size() - mirModule.GetOptFuncsSize())) {
        ASSERT(false, "should be equal");
      }
      compList = &mirModule.GetCompilationList();
    } else {
      compList = &mirModule.GetFunctionList();
    }
    for (auto * func : *compList) {
      if (MeOption::useRange && (rangeNum < MeOption::range[0] ||
          rangeNum > MeOption::range[1])) {
```

133

```cpp
      ++rangeNum;
      continue;
    }
    if (func->GetBody() == nullptr) {
      ++rangeNum;
      continue;
    }
    if (fpm->GetPhaseSequence()->empty()) {
      continue;
    }
    mirModule.SetCurFunction(func);
    // lower, create BB and build cfg
    fpm->Run(func, rangeNum, meInput);
    ++rangeNum;
  }
  if (fpm->GetGenMeMpl()) {
    mirModule.Emit("comb.me.mpl");
  }
}
```

上述代码中，Run 运行的时候会去 mgr 的 phaseManagers 列表中遍历所有的 PhaseManager，代码如下：

```cpp
for (PhaseManager * const &pm : phaseManagers) {
```

对于所遍历的每个 PhaseManager，再去调用其所对应的 Run 函数。其实就是根据这个 PhaseManager 究竟是属于 ModulePhaseManager 还是属于 MeFuncPhaseManager 来调用其对应的 Run 函数。

phaseManagers 应该有 3 个 PhaseManager。第 1 个是 ModulePhaseManager，它的 phaseSequences 中的内容是 phases.def 之中所提到

第 9 章 方舟编译器 phase 体系的设计与实现

的 classhierarchy、vtableanalysis、reflectionanalysis、gencheckcast 和 javaintrnlowering。第 2 个是 MeFuncPhaseManager，它的 phaseSequences 中的内容是 phases.def 中所提到的 ssatab、aliasclass、ssa、analyzerc、rclowering、gclowering 和 emit。第 3 个还是 ModulePhaseManager，它的 phaseSequences 中的内容是 phases.def 之中所提到的 GenNativeStubFunc、clinit、VtableImpl、javaehlower 和 MUIDReplacement。

无论是 ModulePhaseManager，还是 MeFuncPhaseManager，它的 Run 函数内部都是通过遍历其 phaseSequences 来执行所有的 phase。

ModulePhaseManager 的 Run 函数位于 src/maple_ipa/src/module_phase_manager.cpp 文件中，通过其中的 for 循环部分代码可以很清晰地看到对 phase 的遍历，代码如下：

```
void ModulePhaseManager::Run() {
    int phaseIndex = 0;
    for (auto it = PhaseSequenceBegin(); it != PhaseSequenceEnd(); ++it, ++phaseIndex) {
        ...
```

MeFuncPhaseManager 的 Run 函数位于 src/maple_me/src/me_phase_manager.cpp 文件中，其中从 for 循环可以看到对 phase 的遍历，代码如下：

```
void MeFuncPhaseManager::Run(MIRFunction * mirFunc, uint64 rangeNum, const std::string &meInput) {
    ...
```

```
    for (auto it = PhaseSequenceBegin(); it != PhaseSequenceEnd();
++it, ++phaseIndex) {
    …
```

本部分对整个 phase 的运行机制进行了分析,理清了所有 phase 的运行顺序,其实就是按照 phases.def 的顺序执行的。但是,它并不是通过存储 phase 的 phases 的 vector 来执行的,而是通过遍历 InterleavedManager 的 phaseManagers,来调用其中的 PhaseManager 的 Run 函数。而 PhaseManager 的 Run 函数运行的时候,又会遍历其 phaseSequences,去逐个按顺序调用其中的 phase。

9.4　ModulePhase 的设计与实现

ModulePhase 继承自 phase 类,而具体的 ModulePhase 类别的 phase 又继承自 ModulePhase。所以,ModulePhase 在这里扮演了一个承上启下的角色,其作用显得尤为重要。

ModulePhase 类的定义位于 src/maple_ipa/include/module_phase.h 中,代码如下:

```
//第 9 章/module_phase.h
class ModulePhase : public Phase {
 public:
    explicit ModulePhase(ModulePhaseID id) : Phase(), phaseID(id) {}
```

```
    virtual ~ModulePhase() = default;

    virtual AnalysisResult * Run ( MIRModule * module,
ModuleResultMgr * ) = 0;

    ModulePhaseID GetPhaseID() const {
        return phaseID;
    }

    virtual std::string PhaseName() const = 0;

  private:
    ModulePhaseID phaseID;
};
```

从上述代码中可以看到，除了构造函数和析构函数之外，主要是获取 phase 的 ID 和名字，前者返回 1 个 ID，后者返回 1 个字符串形式的 phase 名字。另外，还有 1 个核心函数 Run。Run 函数在这里是一个虚函数，具体的实现要在具体的 ModulePhase 类别的 phase 里去做。所有 ModulePhase 类别的 phase 里都有这个 Run 函数，它内部的内容是 phase 的主要操作。

9.5 MeFuncPhase 的设计与实现

MeFuncPhase 继承自 Phase 类，是 MeFuncPhase 类别的 phase 类的父类。它的定义位于 src/maple_me/include/me_phase.h 文件中，代码如下：

```cpp
//第 9 章/me_phase.h
class MeFuncPhase : public Phase {
 public:
  explicit MeFuncPhase(MePhaseID id) : Phase(), phaseID(id) {}

  virtual ~MeFuncPhase() = default;

  // By default mrm will not be used because most ME phases do not
  //need IPA
  // result. For those will use IPA result, this function will be
  //overrode
  virtual AnalysisResult * Run(MeFunction * func,
      MeFuncResultMgr * funcResMgr, ModuleResultMgr * moduleResMgr = nullptr) = 0;

  const std::string &GetPreviousPhaseName() const {
      return prevPhaseName;
  }

  void SetPreviousPhaseName(const std::string &phaseName) {
      prevPhaseName = phaseName;
  }

  MePhaseID GetPhaseId() const {
      return phaseID;
  }

  virtual std::string PhaseName() const = 0;

  void SetChangeCFG() {
      isCFGChanged = true;
  }

  bool IsChangedCFG() const {
      return isCFGChanged;
  }
```

```
    }
    void ClearChangeCFG() {
        isCFGChanged = false;
    }

  private:
    MePhaseID phaseID;
    std::string prevPhaseName = ""; // used in filename for emit,
                                    //init prev_phasename as nullptr
    bool isCFGChanged = false;      // is this phase changed CFG
};
```

上述代码中,除了构造函数、析构函数获取 phase 的 ID 和名字之外,还有前个 phase 的名字设置和获取函数 SetPreviousPhaseName 和 GetPreviousPhaseName 用来操作前个 phase。此外,还有一系列关于控制流图的操作标识,分别为 SetChangeCFG、IsChangedCFG 和 ClearChangeCFG。同时,MeFuncPhase 也有 Run 函数,也是其子类会继承的。

9.6　DriverRunner 的调用

DriverRunner 包含了从一个 mpl 文件到优化结果文件的所有过程。那么 DriverRunner 所要做的就像其名字所传递的直接含义,是一个驱动和运行的角色,它所要驱动的内容包含了一系列的 phase。前文介绍 phase 的运行机制的时候,涉及过 DriverRunner

的相关内容，主要聚焦在 DriverRunner 的 ProcessMpl2mplAndMePhases 函数中。本部分内容将从 DriverRunner 的 ProcessMpl2mplAndMePhases 向上追溯，理清楚 phase 的运行在整个系统中的位置。

DriverRunner 的 ProcessMpl2mplAndMePhases 函数被其 Run 函数调用，Run 函数代码位于 src/maple_driver/src/driver_runner.cpp 中，代码如下：

```cpp
//第 9 章/driver_runner4.cpp
ErrorCodeDriverRunner::Run() {
  CHECK_MODULE(ErrorCode::kErrorExit);

  if (exeNames.empty()) {
    LogInfo::MapleLogger() << "Fatal error: no exe specified" << '\n';
    return ErrorCode::kErrorExit;
  }

  printOutExe = exeNames[exeNames.size() - 1];

  // Prepare output file
  auto lastDot = actualInput.find_last_of(".");
  std::string baseName = (lastDot == std::string::npos) ? actualInput : actualInput.substr(0, lastDot);
  std::string originBaseName = baseName;
  std::string outputFile = baseName.append(GetPostfix());

  ErrorCode ret = ParseInput(outputFile, originBaseName);

  if (ret != ErrorCode::kErrorNoError) {
    return ErrorCode::kErrorExit;
  }
  if (mpl2mplOptions || meOptions) {
```

第9章 方舟编译器 phase 体系的设计与实现

```
        std::string vtableImplFile = originBaseName;
        vtableImplFile.append(".VtableImpl.mpl");
        originBaseName.append(".VtableImpl");
        ProcessMpl2mplAndMePhases(outputFile, vtableImplFile);
    }
    return ErrorCode::kErrorNoError;
}
```

DriverRunner::Run 函数在调用 ProcessMpl2mplAndMe-Phases 之前,还做了一些相关的准备工作,在代码中体现得比较明显,不再赘述。

从调用关系继续向前追溯,DriverRunner 的 Run 函数被 src/maple_driver/src/maple_comb_compiler.cpp 中的 MapleCombCompiler::Compile 调用,MapleCombCompiler::Compile 的实现代码如下:

```
//第9章/maple_comb_compiler.cpp
ErrorCode MapleCombCompiler::Compile(const MplOptions &options,
MIRModulePtr &theModule) {
    MemPool * optMp = memPoolCtrler.NewMemPool("maplecomb mempool");
    std::string fileName = GetInputFileName(options);
    theModule = new MIRModule(fileName);
    std::unique_ptr<MeOption> meOptions;
    std::unique_ptr<Options> mpl2mplOptions;
    auto it = std::find(options.GetRunningExes().begin(),
options.GetRunningExes().end(), kBinNameMe);
    if (it != options.GetRunningExes().end()) {
        meOptions.reset(MakeMeOptions(options, *optMp));
    }
    auto iterMpl2Mpl = std::find(options.GetRunningExes().begin(),
options.GetRunningExes().end(), kBinNameMpl2mpl);
```

```cpp
    if (iterMpl2Mpl != options.GetRunningExes().end()) {
      mpl2mplOptions.reset(MakeMpl2MplOptions(options, *optMp));
    }

    LogInfo::MapleLogger() << "Starting mpl2mpl&mplme\n";
    PrintCommand(options);
      DriverRunner runner (theModule, options.GetRunningExes (),
  mpl2mplOptions.get(), fileName, meOptions.get(),
                          fileName, fileName, optMp,
  options.HasSetTimePhases(), options.HasSetGenMeMpl());
      ErrorCode nErr = runner.Run();

      memPoolCtrler.DeleteMemPool(optMp);
      return nErr;
}
```

Compile 函数是 MapleCombCompiler 类的主要方法之一,而 MapleCombCompiler 类是编译器工厂类所生成的 3 个编译器类之一。这点可以在 src/maple_driver/src/compiler_factory.cpp 中 CompilerFactory 的构造函数体现,代码如下:

```cpp
//第 9 章/compiler_factory.cpp
CompilerFactory::CompilerFactory() {
  // Supported compilers
  ADD_COMPILER("jbc2mpl", Jbc2MplCompiler)
  ADD_COMPILER("me", MapleCombCompiler)
  ADD_COMPILER("mpl2mpl", MapleCombCompiler)
  ADD_COMPILER("mplcg", MplcgCompiler)
  compilerSelector = new CompilerSelectorImpl();
}
```

CompilerFactory 类的调用，可以向上追溯到 Maple 可执行文件的入口 main 函数中。这部分内容在前文"方舟编译器的执行流程"部分进行过介绍，对从 Maple 可执行文件的入口 main 函数直到 CompilerFactory 类的执行流程都有详细的介绍，在此不做重复介绍。

至此，可以明确 phase 体系在 Maple 可执行程序中的位置，以及从 Maple 可执行程序入口函数直到所有 phase 执行的调用流程。

第 10 章

phase 实例分析

对 phase 体系进行深入理解，不但要理解 phase 体系的设计和实现，还要对每一类 phase 的整体特征及具体的 phase 实现有一定的了解。本部分内容将在对 ModulePhase 和 MeFuncPhase 类 phase 的整体情况介绍的基础之上，对具体的 phase 进行分析。

10.1 ModulePhase 类 phase 的实现与运行

目前已公开的 ModulePhase 类 phase 共有 10 个，本部分内容将对这 10 个 phase 的实现与运行方式进行整体的分析。

名为 gencheckcast 的 ModulePhase 类的 phase，其对应的实现类名字为 DoCheckCastGeneration，它是 ModulePhase 的子类。它的定义和实现主要在 src/mpl2mpl/include/gen_check_cast.h 中，代码如下：

```
//第10章/gen_check_cast.h
class DoCheckCastGeneration : public ModulePhase {
 public:
```

```
   explicit DoCheckCastGeneration(ModulePhaseID id) : ModulePhase
(id) {}

   ~DoCheckCastGeneration() = default;

std::string PhaseName() const override {
   return "gencheckcast";
}

   AnalysisResult * Run(MIRModule * mod, ModuleResultMgr * mrm)
override {
     OPT_TEMPLATE(CheckCastGenerator);
     return nullptr;
}
};
```

Run 函数是 phase 的核心内容,它包含 phase 要执行的主要动作。上述代码中的 Run 函数内部主要是执行了一个 OPT_TEMPLATE 宏。这个宏位于文件 src/maple_phase/include/phase_impl.h 中,代码如下:

```
//第 10 章/phase_impl.h
#define OPT_TEMPLATE(OPT_NAME) \
   auto * kh = static_cast < KlassHierarchy * > ( mrm - >
GetAnalysisResult(MoPhase_CHA, mod)); \
   ASSERT(kh, "null ptr check"); \
   FuncOptimizeIterator opt(PhaseName(), new OPT_NAME(mod, kh,
TRACE_PHASE)); \
   opt.Run();
```

Run 函数给宏 OPT_TEMPLATE 传递的参数 OPT_NAME 在本处是 CheckCastGenerator。CheckCastGenerator 是一个具体

的类,它的定义和 DoCheckCastGeneration 都在 src/mpl2mpl/include/gen_check_cast.h 中,它的实现在文件 src/mpl2mpl/src/gen_check_cast.cpp 中。它继承于 FuncOptimizeImpl 类,代码如下:

```
class CheckCastGenerator : public FuncOptimizeImpl {
```

FuncOptimizeImpl 类的定义位于 src/maple_phase/include/phase_impl.h 中,和 OPT_TEMPLATE 宏位于同一个头文件。该文件下还有 OPT_TEMPLATE 宏用到的 FuncOptimizeIterator 类的定义,代码如下:

```
//第10章/phase_impl1.h
class FuncOptimizeIterator {
 public:
  FuncOptimizeIterator ( const std:: string &phaseName,
FuncOptimizeImpl * phaseImpl);
  virtual ~FuncOptimizeIterator();
  virtual void Run();

 protected:
  FuncOptimizeImpl * phaseImpl;
};
```

根据上述分析,gencheckcast 的执行是通过 OPT_TEMPLATE 宏先构建一个 FuncOptimizeIterator 类的对象,然后再去执行该对象的 Run 函数。而 FuncOptimizeIterator 对象的构建,则用了 CheckCastGenerator 作为参数。因为 src/maple_phase 目录下只有 include 目录而没有 src 目录,所以不知道 FuncOptimizeIterator 的 Run 函数到底执行了什么内容,但是肯定离不开其构建时所传入的参数，大概率 Run 是个框架，具体的执行内容还是 CheckCastGenerator 的内容。

clinit、javaintrnlowering、javaehlowe、MUIDReplacement、GenNativeStubFunc、vtableanalysis 和 VtableImpl 这几个 phase 的情况和 gencheckcast 情况一样。在同一个头文件之中有个定义的类（该类和 phase 的实现类的名字比只是少了一个 Do 前缀），来通过 OPT_TEMPLATE 宏实现具体的内容。

reflectionanalysis 的情况和之前的 8 个 phase 不太一样，它是在其实现类 DoReflectionAnalysis 的 Run 函数里，调用了和其在同个文件中定义的 ReflectionAnalysis 类的 Run 函数，它们都位于 src/mpl2mpl/src/reflection_analysis.cpp 中。

DoReflectionAnalysis::Run 函数的具体实现代码如下：

```
//第10章/reflection_analysis.cpp
AnalysisResult * DoReflectionAnalysis::Run(MIRModule * module,
ModuleResultMgr * moduleResultMgr) {
  MemPool * memPool = memPoolCtrler.NewMemPool("Reflection-
Analysis mempool");
  auto * kh = static_cast < KlassHierarchy * >(moduleResultMgr->
GetAnalysisResult(MoPhase_CHA, module));
  maple::MIRBuilder mirBuilder(module);
  ReflectionAnalysis * rv = memPool->New<ReflectionAnalysis>
(module, memPool, kh, mirBuilder);
  if (rv == nullptr) {
    CHECK_FATAL(false, "failed to allocate memory");
  }
  rv->Run();
  // This is a transform phase, delete mempool.
  memPoolCtrler.DeleteMemPool(memPool);
  return nullptr;
}
```

另外，ReflectionAnalysis 是 AnalysisResult 的子类，它的定义位于 src/mpl2mpl/include/reflection_analysis.h 中。

此外，classhierarchy 这个 phase 的情况也和其他 9 个 phase 不同，它对应的类 DoKlassHierarchy 定义在 src/maple_ipa/include/modue_phase_manager.h 中，实现在 src/maple_ipa/src/modue_phase_manager.cpp 中。它的 Run 函数直接执行得到了结果，代码如下：

```
//第10章/modue_phase_manager.cpp
AnalysisResult * DoKlassHierarchy:: Run (MIRModule * module,
ModuleResultMgr * m) {
  MemPool * memPool = memPoolCtrler.NewMemPool("classhierarchy mempool");
  KlassHierarchy * kh = memPool->New<KlassHierarchy>(module, memPool);
  KlassHierarchy::traceFlag = TRACE_PHASE;
  kh->BuildHierarchy();
#if MIR_JAVA
  if (!Options::skipVirtualMethod) {
    kh->CountVirtualMethods();
  }
#else
  kh->CountVirtualMethods();
#endif
  if (KlassHierarchy::traceFlag) {
    kh->Dump();
  }
  m->AddResult(GetPhaseID(), *module, *kh);
  return kh;
}
```

DoKlassHierarchy::Run 函数执行结束后，返回的实际类型是 KlassHierarchy 类型的指针，KlassHierarchy 定义在 src/mpl2mpl/

include/class_hierarchy.h 中，它也是 AnalysisResult 的子类，代码如下：

```
class KlassHierarchy : public AnalysisResult {
```

总之，在目前开放的源码中，一共有 10 个 ModulePhase 类的 phase。其中的 8 个 phase 采用了同样的运行模式，通过宏 OPT_TEMPLATE 和同一个头文件之中定义的另外一个类（该类比 phase 的实现类的名字少了 Do 前缀）来实现 phase 的运行，剩余 2 个 phase 的情况不太一样。所以，真正代表 ModulePhase 类的 phase 的运行机制的是 gencheckcast 等 8 个 phase 所采用的运行机制。

10.2　ModulePhase 之 classhierarchy 分析

classhierarchy 是一个 ModulePhase 类的 phase，它对应的实现类是 DoKlassHierarchy。DoKlassHierarchy 类的定义和实现位置在 src/maple_ipa/include/module_phase_manager.h 和 src/maple_ipa/src/module_phase_manager.cpp 中，它是 ModulePhase 的子类。同时，classhierarchy 也在方舟编译器的 phase 体系中，默认要执行第一个 phase。本文将对 classhierarchy 的实现做一个简单的分析。

DoKlassHierarchy 类 classhierarchy phase 的实现，它的定义位于 src/maple_ipa/include/module_phase_manager.h 中，代码如下：

```cpp
//第10章/modue_phase_manager.h
class DoKlassHierarchy : public ModulePhase {
 public:
   explicit DoKlassHierarchy(ModulePhaseID id) : ModulePhase(id) {}

   AnalysisResult * Run(MIRModule * module, ModuleResultMgr * m) override;
   std::string PhaseName() const override {
     return "classhierarchy";
   }

   virtual ~DoKlassHierarchy() = default;
};
```

从上述代码可以看到，DoKlassHierarchy 的成员函数较少，相对比较简单。只有一个 Run 函数需要在 cpp 中实现，其 Run 函数的实现位于 src/maple_ipa/src/module_phase_manager.cpp 中，代码如下：

```cpp
//第10章/modue_phase_manager1.cpp
AnalysisResult * DoKlassHierarchy:: Run (MIRModule * module, ModuleResultMgr * m) {
   MemPool * memPool = memPoolCtrler.NewMemPool ("classhierarchy mempool");
   KlassHierarchy * kh = memPool->New<KlassHierarchy>(module, memPool);
   KlassHierarchy::traceFlag = TRACE_PHASE;
   kh->BuildHierarchy();
#if MIR_JAVA
   if (!Options::skipVirtualMethod) {
     kh->CountVirtualMethods();
   }
```

```
#else
  kh->CountVirtualMethods();
#endif
  if (KlassHierarchy::traceFlag) {
    kh->Dump();
  }
  m->AddResult(GetPhaseID(), *module, *kh);
  return kh;
}
```

DoKlassHierarchy::Run 函数的实现部分并不复杂。首先新建一个名为 memPool 的 MemPool 类型的指针，然后用 memPool 和 module(这里的 module 是一个 MIRModule 类型的指针)新建了一个名为 kh 的 KlassHierarchy 类型的指针。对 kh 调用其 BuildHierarchy 等成员函数之后，将 GetPhaseID()、module 和 kh 一起 AddResult 到 m 中，m 是 ModuleResultMgr 类型的指针。

DoKlassHierarchy::Run 函数中使用了 KlassHierarchy 的 BuildHierarchy 成员函数，它是 DoKlassHierarchy 的 Run 的成员函数的主要内容，所以必须对 KlassHierarchy 进行深入分析。KlassHierarchy 的定义和实现在 src/mpl2mpl/include/class_hierarchy. h 和 src/mpl2mpl/src/class_hierarchy. cpp 中。KlassHierarchy 类，根据注释它是："data structure to represent class information defined in the module"，主要是表达 Module 里面定义的类的信息。而 Class Hierarchy Analysis 主要做的事情是："This phase is a foundation phase of compilation. This phase build the class hierarchy for both this module and all modules it depends on. So many phases rely on this phase's analysis result, such as call graph, ssa and so on"。也就是说，这个 phase 主要还

是构建这个 module 和它所依赖的所有 module 的类的继承关系。

KlassHierarchy 的成员函数 BuildHierarchy,具体实现位于 src/mpl2mpl/src/class_hierarchy.cpp 中,代码如下:

```
//第10章/class_hierarchy.cpp
void KlassHierarchy::BuildHierarchy() {
  // Scan class list and generate Klass without method information
  AddKlasses();
  // Fill class method info. Connect superclass <-> subclass and
  // interface -> implementation edges.
  AddKlassRelationAndMethods();
  TagThrowableKlasses();
  // In the case of "class C implements B; interface B extends A;",
  // we need to add a link between C and A.
  UpdateImplementedInterfaces();
  TopologicalSortKlasses();
  MarkClassFlags();
  if (!strIdx2KlassMap.empty()) {
      WKTypes::Init();
  }
}
```

上述代码的操作,在注释中说得很清楚。这点很难得,目前公开的源码中普遍缺少注释。KlassHierarchy::BuildHierarchy 函数中用到了 AddKlasses() 函数,这个成员函数要将 module 中的类,逐个为其生成 Klass,然后存储到 strIdx2KlassMap 中。而 strIdx2KlassMap 是一个 map,这个 map 在 BuildHierarchy 所调用的函数中,被普遍使用,所以比较重要,代码如下:

```
MapleMap< GStrIdx, Klass * > strIdx2KlassMap;
```

第 10 章 phase 实例分析

KlassHierarchy 类保存了 module 中类的相关信息，它是 AnalysisResult 的子类。AnalysisResult 用来表示 phase 的分析结果，所以是分析类 phase 的结果类的基类。基于此原理，可以认为 KlassHierarchy 中保存了 classhierarchy 的分析结果。AnalysisResult 类的定义在 src/maple_phase/include/phase.h 中，代码如下：

```cpp
//第 10 章/phase.h
// base class of analysisPhase's result
class AnalysisResult {
 public:
  explicit AnalysisResult(MemPool *memPoolParam) {
    ASSERT(memPoolParam != nullptr, "memPoolParam is null in AnalysisResult::AnalysisResult");
    memPool = memPoolParam;
  }

  virtual ~AnalysisResult() = default;

  MemPool *GetMempool() {
    return memPool;
  }

  void EraseMemPool() {
    memPoolCtrler.DeleteMemPool(memPool);
  }

 private:
  MemPool *memPool;
};
```

classhierarchy 作为第一个执行的 phase，它分析并统计了一些关于 module 中的 class/interface 的信息，主要是继承关系，并将其存储在 KlassHierarchy 的一个对象中。同时，KlassHierarchy 中的成员变量 strIdx2KlassMap 作为保存 Klass 的 map，此部分比较重要，所以需要保持特别关注。

10.3 MeFuncPhase 类 phase 的执行前准备

前文介绍过 phase 的运行机制，而 MeFuncPhase 类 phase 在执行前有一个准备环节，本部分将对这个准备环节进行分析。

MeFuncPhase 类 phase 的执行，是在函数 MeFuncPhaseManager::Run 中进行的，而函数 MeFuncPhaseManager::Run 的实现位于 src/maple_me/src/me_phase_manager.cpp 中，代码如下：

```
//第10章/me_phase_manager.cpp
void MeFuncPhaseManager::Run(MIRFunction * mirFunc, uint64 rangeNum, const std::string &meInput) {
    if (!MeOption::quiet) {
        LogInfo::MapleLogger() << ">>>>>>>>>>>>>>>>>>>>>>>>>>>>>> Optimizing Function < " << mirFunc->GetName() << " id = " << mirFunc->GetPuidxOrigin() << " >---\n";
    }
    MemPool * funcMP = memPoolCtrler.NewMemPool("maple_me per-function mempool");
    MemPool * versMP = memPoolCtrler.NewMemPool("first verst mempool");
```

第 10 章 phase 实例分析

```cpp
  MeFunction func(&mirModule, mirFunc, funcMP, versMP, meInput);
func.PartialInit(false);
#if DEBUG
  globalMIRModule = &mirModule;
  globalFunc = &func;
#endif
func.Prepare(rangeNum);
  if (ipa) {
    mirFunc->SetMeFunc(&func);
  }
std::string phaseName = "";
  MeFuncPhase *changeCFGPhase = nullptr;
  // each function level phase
  bool dumpFunc = FuncFilter(MeOption::dumpFunc, func.GetName());
  size_t phaseIndex = 0;
  for (auto it = PhaseSequenceBegin(); it != PhaseSequenceEnd();
++it, ++phaseIndex) {
    PhaseID id = GetPhaseId(it);
    auto *p = static_cast<MeFuncPhase *>(GetPhase(id));
    p->SetPreviousPhaseName(phaseName); // prev phase name is
                      //for filename used in emission after phase
    phaseName = p->PhaseName();          // new phase name
    bool dumpPhase = MeOption::DumpPhase(phaseName);
    MPLTimer timer;
    timer.Start();
    RunFuncPhase(&func, p);
    if (timePhases) {
      timer.Stop();
      phaseTimers[phaseIndex] += timer.ElapsedMicroseconds();
    }
    if ((MeOption::dumpAfter || dumpPhase) && dumpFunc) {
LogInfo::MapleLogger() << ">>>>> Dump after " << phaseName
<< " <<<<<\n";
      if (phaseName != "emit") {
        func.Dump(false);
      }
```

```cpp
    LogInfo::MapleLogger() << ">>>>> Dump after End <<<<<\n\n";
      }
      if (p->IsChangedCFG()) {
        changeCFGPhase = p;
        p->ClearChangeCFG();
        break;
      }
    }
    if (!ipa) {
      GetAnalysisResultManager()->InvalidAllResults();
    }
    if (changeCFGPhase != nullptr) {
      if (ipa) {
        CHECK_FATAL(false, "phases in ipa will not chang cfg.");
      }
      // do all the phases start over
      MemPool * versMemPool = memPoolCtrler.NewMemPool("second verst mempool");
        MeFunction function(&mirModule, mirFunc, funcMP, versMemPool, meInput);
        function.PartialInit(true);
        function.Prepare(rangeNum);
        for (auto it = PhaseSequenceBegin(); it != PhaseSequenceEnd(); ++it) {
          PhaseID id = GetPhaseId(it);
          auto * p = static_cast<MeFuncPhase *>(GetPhase(id));
          if (p == changeCFGPhase) {
            continue;
          }
          p->SetPreviousPhaseName(phaseName); // prev phase name is
                            //for filename used in emission after phase
          phaseName = p->PhaseName();         // new phase name
          bool dumpPhase = MeOption::DumpPhase(phaseName);
          RunFuncPhase(&function, p);
          if ((MeOption::dumpAfter || dumpPhase) && dumpFunc) {
```

```
        LogInfo::MapleLogger() << ">>>>> Second time Dump after"
        << phaseName << " <<<<<\n";
              if (phaseName != "emit") {
                  function.Dump(false);
              }
        LogInfo::MapleLogger() << ">>>>> Second time Dump after End <<<<<
        \n\n";
            }
          }
          GetAnalysisResultManager()->InvalidAllResults();
        }
        if (!ipa) {
          memPoolCtrler.DeleteMemPool(funcMP);
        }
      }
```

在上述代码中,通过 for 循环遍历了 phaseSequences 的 phase,代码如下:

```
        for (auto it = PhaseSequenceBegin(); it != PhaseSequenceEnd();
        it++, ++phaseIndex) {
```

然后通过 RunFuncPhase 去针对具体的 function,执行具体的 phase,代码如下:

```
        RunFuncPhase(&function, p);
```

在具体的 phase 执行之前,还有一个准备的过程。以 MeFuncPhaseManager::Run 的代码为例,这个过程就是对 Prepare 函数的调用,代码如下:

```
func.Prepare(rangenum);
...
function.Prepare(rangenum);
```

其实,这就是直接调用了 MeFunction 的 Prepare 函数。

MeFunction 的 Prepare 函数,主要的作用是"lower,create BB and build cfg"。("lower,create BB and build cfg"来自 InterleavedManager::Run()函数之中的注释,注释位置在调用 MeFuncManager 的 Run 函数之前)。MeFunction 的 Prepare 函数的实现位于 src/maple_me/src/me_function.cpp 中,代码如下:

```
//第 10 章/me_function.cpp
void MeFunction::Prepare(unsigned long rangeNum) {
  if (!MeOption::quiet) {
LogInfo::MapleLogger() << " --- Preparing Function < " <<
CurFunction()->GetName() << " >[" << rangeNum << "] ---\n";
  }
  /* lower first */
  MIRLower mirLowerer(mirModule, CurFunction());
  mirLowerer.Init();
  mirLowerer.SetLowerME();
  mirLowerer.SetLowerExpandArray();
  ASSERT(CurFunction() != nullptr, "nullptr check");
  mirLowerer.LowerFunc(*CurFunction());
  CreateBasicBlocks();
  if (NumBBs() == 0) {
    /* there's no basicblock generated */
    return;
  }
  RemoveEhEdgesInSyncRegion();
  theCFG = memPool->New<MeCFG>(*this);
  theCFG->BuildMirCFG();
```

```
    if (MeOption::optLevel > MeOption::kLevelZero) {
      theCFG->FixMirCFG();
    }
    theCFG->VerifyLabels();
    theCFG->UnreachCodeAnalysis();
    theCFG->WontExitAnalysis();
    theCFG->Verify();
}
```

上述代码中,有 lower 相关操作、BB 相关操作和 CFG 相关操作。其中,lower 相关操作在前文已经进行过分析,代码如下:

```
//第 10 章/me_function1.cpp
  MIRLower mirLowerer(mirModule, mirModule.CurFunction());
  mirLowerer.Init();
  mirLowerer.SetLowerME();
  mirLowerer.SetLowerExpandArray();
  mirLowerer.LowerFunc(mirModule.CurFunction());
```

BB 相关的操作,主要是通过 CreateBasicBlocks 创建 basic block。CFG 相关操作主要是用以构建控制流图,代码如下:

```
//第 10 章/me_function2.cpp
  theCFG = memPool->New<MeCFG>(*this);
  theCFG->BuildMirCFG();
  theCFG->FixMirCFG();
  theCFG->VerifyLabels();
  theCFG->UnreachCodeAnalysis();
  theCFG->WontExitAnalysis();
  theCFG->Verify();
```

MeFunction 有一个私有成员变量 theCFG,它的定义位于 src/

maple_me/include/me_function.h 中，代码如下：

```
MeCFG * theCFG;
```

theCFG 是一个 MeCFG 类型的指针。MeCFG 是针对 MeFunction 做控制流图的相关操作的类，它的定义和实现主要在 src/maple_me/include/me_cfg.h 和 src/maple_me/src/me_cfg.cpp 中。MeCFG 常用的操作也就是控制流图相关的几个操作，除此之外，还有一个 Dump。

MeFuncPhase 类 phase 的执行前准备进行了 lower、BB 和 cfg 的相关操作，这些都是 ModulePhase 类 phase 执行前所没有的，这是二者的差异点。同时，控制流语句的 lower、BB 的创建和 CFG 的构建，本来也都是重要环节，所以专门在此做一个简单的分析。

10.4 MeFuncPhase 类的 phase 的返回分析

MeFuncPhase 类别的 phase 在目前已经开源的代码中共有 8 个。本部分将对这些的 phase 的返回进行简单介绍。

1. aliasclass

名为 aliasclass 的 MeFuncPhase 类别的 phase，其对应的实现类是 MeDoAliasClass。MeDoAliasClass 的源码位于 src/maple_me/include/me_alias_class.h 和 src/maple_me/src/me_alias_class.cpp 中。MeDoAliasClass 类的定义代码较少，代码如下：

第 10 章 phase 实例分析

```
//第10章/me_alias_class.h
class MeDoAliasClass : public MeFuncPhase {
 public:
  explicit MeDoAliasClass(MePhaseID id) : MeFuncPhase(id) {}

  virtual ~MeDoAliasClass() = default;

  AnalysisResult * Run(MeFunction * func, MeFuncResultMgr
* funcResMgr, ModuleResultMgr * moduleResMgr) override;

  std::string PhaseName() const override {
    return "aliasclass";
  }
};
```

MeDoAliasClass 作为一个 phase，其核心成员函数是 Run 函数，该函数返回了一个 AnalysisResult 类型的指针，但是实际的返回值是 MeAliasClass 类型的指针，这可以从 MeDoAliasClass::Run 函数的具体实现中看出来，代码如下：

```
//第10章/me_alias_class.cpp
AnalysisResult * MeDoAliasClass:: Run ( MeFunction * func,
MeFuncResultMgr * funcResMgr,
ModuleResultMgr * moduleResMgr) {
  MPLTimer timer;
  timer.Start();
  (void) funcResMgr -> GetAnalysisResult (MeFuncPhase_SSATAB,
func);
  MemPool * aliasClassMp = NewMemPool();
  auto * kh = static_cast < KlassHierarchy * >(moduleResMgr ->
GetAnalysisResult(
    MoPhase_CHA, &func -> GetMIRModule()));
```

```
  auto *aliasClass = aliasClassMp->New<MeAliasClass>(
*alias-ClassMp, func->GetMIRModule(), *func->GetMeSSATab(),
*func, MeOption::lessThrowAlias,
  MeOption::ignoreIPA, DEBUGFUNC(func), MeOption::setCalleeHas-
SideEffect, kh);
  // pass 1 through the program statements
  if (DEBUGFUNC(func)) {
LogInfo::MapleLogger() << "\n============ Alias
Classification Pass 1 ============" << '\n';
  }
  aliasClass->DoAliasAnalysis();
    timer.Stop();
  if (DEBUGFUNC(func)) {
LogInfo::MapleLogger() << "ssaTab + aliasClass passes consume
cumulatively " << timer.Elapsed() << "seconds" << '\n';
  }
  return aliasClass;
}
```

MeAliasClass 类的定义和 MeDoAliasClass 在同一个头文件，位于 src/maple_me/include/me_alias_class.h 中，它是 AliasClass 的子类。AliasClass 类的定义位于 src/maple_me/include/alias_class.h 中（实现位于 src/maple_me/src/alias_class.cpp），它是 AnalysisResult 的子类，代码如下：

```
class AliasClass : public AnalysisResult {
```

所以 MeAliasClass 等于是 AnalysisResult 子类的子类，返回 MeAliasClass 类型的指针，也契合了 MeDoAliasClass::Run 函数声明中返回 AnalysisResult 类型指针的内容。

2. bblayout

名为 bblayout 的 MeFuncPhase 类别的 phase，其对应的实现类是 MeDoBBLayout。其定义和实现的位置为 src/maple_me/include/me_bb_layout.h 和 src/maple_me/src/me_bb_layout.cpp。

MeDoBBLayout 的 Run 函数的实际返回值是 BBLayout 类型的指针，而 BBLayout 也是 AnalysisResult 的子类，其定义和 MeDoBBLayout 在同一个头文件。

3. dominance

名为 dominanceMeFuncPhase 类别的 phase，其对应的实现类是 MeDoDominance。其定义和实现的位置是 src/maple_me/include/me_dominance.h 和 src/maple_me/src/me_dominance.cpp。

MeDoDominance 的 Run 函数的实际返回值类型是 Dominance 的指针。Dominance 类的定义和实现在 src/maple_me/include/dominance.h 和 src/maple_me/src/dominance.cpp 中，并没有和 MeDoDominance 放在同样的文件中。Dominance 也是继承自 AnalysisResult，代码如下：

```
class Dominance : public AnalysisResult {
```

4. emit

名为 emit 的 MeFuncPhase 类别的 phase，其对应的实现类是 MeDoEmit。其定义和实现的位置为 src/maple_me/include/me_ emit.h 和 src/maple_me/src/me_emit.cpp。MeDoEmit 的 Run 函数的实际返回值是 nullptr，也就是一个空指针，说明该 phase 在任何情况下都不会有分析结果返回。

5. irmap

名为 irmap 的 MeFuncPhase 类别的 phase，其对应的实现类是 MeDoIRMap。其定义和实现的位置为 src/maple_me/include/me_irmap.h 和 src/maple_me/src/me_irmap.cpp。

MeDoIRMap 的 Run 函数的实际返回值是 MeIRMap 类型的指针。MeIRMap 和 MeDoIRMap 在同一个头文件中定义，它继承自 IRMap，代码如下：

```
class MeIRMap : public IRMap {
```

IRMap 定义和实现位于 src/maple_me/include/irmap.h 和 src/maple_me/src/irmap.cpp。IRMap 同样也是 AnalysisResult 的子类，代码如下：

```
class IRMap : public AnalysisResult {
```

6. rclowering

名为 rclowering 的 MeFuncPhase 类别的 phase，其对应的实现类是 RCLowering。其定义和实现的位置为 src/maple_me/include/me_rc_lowering.h 和 src/maple_me/src/me_rc_lowering.cpp。RCLowering 的 Run 函数的实际返回值是 nullptr，

也就是一个空指针,说明该 phase 在任何情况下都不会有分析结果返回。

7. ssa

名为 ssa 的 MeFuncPhase 类别的 phase,其对应的实现类是 MeDoSSA。其定义和实现的位置为 src/maple_me/include/me_ssa.h 和 src/maple_me/src/me_ssa.cpp。

MeDoSSA 的 Run 函数的实际返回值是 MeSSA 类型的指针。MeSSA 和 MeDoSSA 定义在同一个头文件中,它继承自 SSA 和 AnalysisResult,代码如下:

```
class MeSSA : public SSA, public AnalysisResult {
```

其中,SSA 的定义和实现位于 src/maple_me/include/ssa.h 和 src/maple_me/src/ssa.cpp。

8. ssaTab

名为 ssaTab 的 MeFuncPhase 类别的 phase,其对应的实现类是 MeDoSSATab。其定义和实现的位置为 src/maple_me/include/me_ssa_tab.h 和 src/maple_me/src/me_ssa_tab.cpp。

MeDoSSATab 的 Run 函数的实际返回值是 SSATab 类型的指针。SSATab 的定义和实现位于 src/maple_me/include/ssa_tab.h 和 src/maple_me/src/ssa_tab.cpp,它继承于 AnalysisResult,代码如下:

```
class SSATab : public AnalysisResult {
```

需要注意的是，这个 phase 的命名中夹着了一个大写的 T，和其他 phase 都是小写字母命名规则有些不一样。

总之，这 8 个 MeFuncPhase 类别的 phase，其 Run 函数的返回值可以分为几种情况：第 1 种，返回某个指向 AnalysisResult 子类的指针，并且该子类的定义和 phase 对应类在同一个文件中定义；第 2 种，返回某个指向 AnalysisResult 子类的指针，并且该子类的定义和 phase 对应类不在同一个文件中定义；第 3 种，返回空指针，该 phase 在任何情况下都不返回分析结果。

10.5 MeFuncPhase 之 dominance 分析

dominance phase 主要用于构建支配树和支配边界，为构建 ssa 做准备工作。本文将对 dominance phase 进行简要分析。

dominance phase 的实现类是 MeDoDominance，MeDoDominance 继承于 MeFuncPhase。MeDoDominance 的定义和实现在文件 src/maple_me/include/me_dominance.h 和 src/maple_me/src/me_dominance.cpp 中。MeDoDominance 的定义很简单，代码如下：

```
//第 10 章/me_dominance.h
class MeDoDominance : public MeFuncPhase {
 public:
  explicit MeDoDominance(MePhaseID id) : MeFuncPhase(id) {}

  ~MeDoDominance() override = default;
```

```
AnalysisResult * Run(MeFunction * func, MeFuncResultMgr *
funcResMgr, ModuleResultMgr * moduleResMgr) override;

std::string PhaseName() const override {
  return "dominance";
}
};
```

MeDoDominance 类在具体实现上只有一个 Run 函数，Run 函数里涉及了 Dominance *类型的 dom 变量，主要的操作都是通过 dom 来进行的，同时 dom 变量也是 Run 函数的返回值。Run 函数的具体实现代码如下：

```
//第10章/me_dominance.cpp
AnalysisResult * MeDoDominance:: Run (MeFunction * func,
MeFuncResultMgr * funcResMgr, ModuleResultMgr * moduleResMgr) {
  MemPool * memPool = NewMemPool();
  auto * dom = memPool->New<Dominance>( * memPool,
 * NewMemPool(), func->GetAllBBs(), * func->GetCommonEntryBB
(),
                                        * func->GetCommonExitBB
());
  dom->GenPostOrderID();
  dom->ComputeDominance();
  dom->ComputeDomFrontiers();
  dom->ComputeDomChildren();
  size_t num = 0;
  dom->ComputeDtPreorder( * func->GetCommonEntryBB(), num);
  dom->GetDtPreOrder().resize(num);
  dom->ComputeDtDfn();
  dom->PdomGenPostOrderID();
  dom->ComputePostDominance();
  dom->ComputePdomFrontiers();
```

```
    dom->ComputePdomChildren();
    num = 0;
    dom->ComputePdtPreorder(*func->GetCommonExitBB(), num);
    dom->ResizePdtPreOrder(num);
    dom->ComputePdtDfn();
    if (DEBUGFUNC(func)) {
LogInfo::MapleLogger() << "------------------ Dump dominance
info and postdominance info --------- \n";
      dom->DumpDoms();
      dom->DumpPdoms();
    }
    return dom;
}
```

　　Dominance 继承于 AnalysisResult，用于表达分析结果。Dominance 的定义和实现在文件 src/maple_me/include/dominance.h 和 src/maple_me/src/dominance.cpp 中。

　　关于支配树及支配边界的计算和生成，其实都是在 Dominance 的成员函数中实现的，只不过在 MeDoDominance 的 Run 函数中被调用了。也就是说，MeDoDominance 的 Run 函数中生成了一个 Dominance，然后调用 Dominance 的成员变量去做支配树和支配边界的计算和生成，将结果存储在 Dominance 中进行返回。

　　MeDoDominance 的 Run 函数实际上计算了两次支配树和支配边界。只不过其依赖的遍历顺序不同罢了，第一次使用的是逆后序(Reverse PostOrder，RPO)，而第二次使用的是反向逆后序。

　　MeDoDominance 中构建支配节点和支配边界的算法，可以参考 Keith Cooper 的论文 *A Simple, Fast Dominance Algorithm*，具体实现都是直接参考论文中的算法。论文具体地址：https://

www.cs.rice.edu/~keith/EMBED/dom.pdf。关于支配节点和支配边界的计算,也可以阅读 *Engineering a Compiler*(*Second Edition*)中的 9.2 和 9.3 节。

dominance phase 所做的工作不多,但是理解起来却并不容易,主要是里面涉及了支配节点和支配边界的计算。关于支配节点和支配边界的计算算法,都是在 Dominance 的成员函数内完成的。下面将就支配节点和支配边界的算法进行一个简要的分析。

1. 支配节点

直接支配节点的算法是 Keith Cooper 的论文 *A Simple, Fast Dominance Algorithm* 中的算法。这个算法的原型如图 10.1 所示。

```
for all nodes, b /* initialize the dominators array */
    doms[b] ← Undefined
doms[start_node] ← start_node
Changed ← true
while (Changed)
    Changed ← false
    for all nodes, b, in reverse postorder (except start_node)
        new_idom ← first (processed) predecessor of b /* (pick one) */
        for all other predecessors, p, of b
            if doms[p] ≠ Undefined /* i.e., if doms[p] already calculated */
                new_idom ← intersect(p, new_idom)
        if doms[b] ≠ new_idom
            doms[b] ← new_idom
            Changed ← true

function intersect(b1, b2) returns node
    finger1 ← b1
    finger2 ← b2
    while (finger1 ≠ finger2)
        while (finger1 < finger2)
            finger1 = doms[finger1]
        while (finger2 < finger1)
            finger2 = doms[finger2]
    return finger1
```

Figure 3: The Engineered Algorithm

图 10.1 直接支配节点的算法原型

图 10.1 中直接支配节点算法的具体实现，就是 Dominance 类的 ComputeDominance 函数，该函数的具体实现代码如下：

```cpp
//第 10 章/me_dominance1.cpp
// Figure 3 in "A Simple, Fast Dominance Algorithm" by Keith Cooper et al.
void Dominance::ComputeDominance() {
  doms.at(commonEntryBB.GetBBId()) = &commonEntryBB;
  bool changed;
  do {
    changed = false;
    for (size_t i = 1; i < reversePostOrder.size(); ++i) {
      BB *bb = reversePostOrder[i];
      BB *pre = nullptr;
      if (CommonEntryBBIsPred(*bb) || bb->GetPred().empty()) {
        pre = &commonEntryBB;
      } else {
        pre = bb->GetPred(0);
      }
      size_t j = 1;
      while ((doms[pre->GetBBId()] == nullptr || pre == bb)
        && j < bb->GetPred().size()) {
        pre = bb->GetPred(j);
        ++j;
      }
      BB *newIDom = pre;
      for (; j < bb->GetPred().size(); ++j) {
        pre = bb->GetPred(j);
        if (doms[pre->GetBBId()] != nullptr && pre != bb) {
          newIDom = Intersect(*pre, *newIDom);
        }
      }
      if (doms[bb->GetBBId()] != newIDom) {
        doms[bb->GetBBId()] = newIDom;
        changed = true;
```

```
        }
      }
    } while (changed);
}
```

上述代码涉及几个成员变量,把成员变量的数据结构理解透彻了,那么计算就比较好理解了。这里主要涉及的成员变量有 postOrderIDVec、reversePostOrder 和 doms,代码如下:

```
    MapleVector < int32 > postOrderIDVec;      // index is bb id
    MapleVector < BB * > reversePostOrder; // an ordering of the BB in
                                                //reverse
//postorder
    MapleVector < BB * > doms; // index is bb id; immediate dominator for
//each BB
```

postOrderIDVec,这里的下标是 BB 的 id,可以认为是从 0～X 的 BB 的编号,里面的内容则是后续遍历 CFG 的顺序编号。也就是说通过下标 X,可以知道编号为 X 的 BB 在后续排列的编号。

reversePostOrder,这里的下标就是纯粹的数字,这里存储的是 BB 序列,这个顺序是按照逆后序排列的。这个计算过程是先用 BB 的最大下标减去每个 BB 的后续编号,得到一个逆后续编号,根据 BB 逆后续编号的顺序,将其放入 reversePostOrder 中的对应位置中。

doms 的下标是 BB 的 id,其内容则是 id 对应的 BB 的直接支配节点,这里的直接支配节点也是 BB。所以其下标代表了一个 BB,其内容是下标所代表的 BB 的直接支配节点。doms 表示出了所有的 BB 的直接支配节点。

这个算法就是为了计算 doms,将 doms 中能填的元素都填上。这样就保障了 doms 中可以查到每个 BB 的直接支配节点(如果有),这样有利于下一步计算支配边界。计算 doms 的过程,主要是逐个去找 BB 的前驱,直到 BB 的前驱都有一个共同的前驱的时候,将其添加到 doms 中。或者是 BB 就一个前驱,则可以放入 doms 中。

所以,这个算法并没有计算支配树,而是根据 CFG 直接计算了每个 BB 的直接支配节点。还有的做法是先计算支配树,然后根据支配树计算直接支配节点。当然,也可以将支配节点的计算称为计算支配树,毕竟支配节点有了,根据其直接支配节点,也可以得到支配树所需的信息。直接支配节点和当前节点的关系,相当于支配树的一条边。ComputeDominance 叫作 ComputeImmediateDominator 可能会更好理解。

2. 支配边界

有关支配边界的计算,也是采用的 Keith Cooper 的论文 *A Simple, Fast Dominance Algorithm* 中的算法。算法原型如图 10.2 所示。

```
for all nodes, b
    if the number of predecessors of b ≥ 2
        for all predecessors, p, of b
            runner ← p
            while runner ≠ doms[b]
                add b to runner's dominance frontier set
                runner = doms[runner]
```

Figure 5: The Dominance-Frontier Algorithm

图 10.2　支配边界的算法原型

支配边界的算法原型,用文字描述其计算过程如下:遍历所有节点;如果一个 X 节点的 pre 节点的数量少于 2,那么跳入下一次循环；如果数量大于 2，则逐个遍历节点 X 的 pre 节点；这个 pre 节点不是当前节点的直接支配节点，那么这个 pre 节点的支配边界里就要加入 X 节点；然后将 pre 节点作为当前节点，继续向前看其 pre 节点。

图 10.2 中算法原型的具体实现位于 Dominance::ComputeDomFrontiers 函数中，具体代码如下：

```cpp
//第 10 章/me_dominance2.cpp
// Figure 5 in "A Simple, Fast Dominance Algorithm" by Keith Cooper
//et al.
void Dominance::ComputeDomFrontiers() {
  for (const BB * bb : bbVec) {
    if (bb == nullptr || bb == &commonExitBB) {
      continue;
    }
    if (bb->GetPred().size() < kBBVectorInitialSize) {
      continue;
    }
    for (BB * pre : bb->GetPred()) {
      BB * runner = pre;
      while (runner != doms[bb->GetBBId()] && runner != &commonEntryBB) {
        domFrontier[runner->GetBBId()].insert(bb->GetBBId());
        runner = doms[runner->GetBBId()];
      }
    }
  }
}
```

通过上述代码的计算，这样就可以计算出所有 BB 的支配边界，也即 domFrontier。domFrontier 的定义代码如下：

```
MapleVector<MapleSet<BBId>> domFrontier; // index is bb id
```

所以，domFrontier 的下标是 BB 的 id，每个 id 对应着一系列 (MapleSet)的 BB id，这一系列的 BB id 就是下标的 BB id 的支配边界。

Dominance 的实现，其难度主要在于理解算法的实现，所以 Keith Cooper 的论文 *A Simple, Fast Dominance Algorithm* 和其中的算法是基础，需要好好研究一下。

10.6　MeFuncPhase 之 ssaTab 分析

ssaTab 是 MeFuncPhase 类的 phase 之一，而且按照目前公布的代码，它是 phase 列表中第一个运行的 MeFuncPhase 类的 phase。本文将对其进行简要分析，以期对其有一个初步的印象。

ssaTab phase 的对应实现类是 MeDoSSATab。其定义和实现的位置为 src/maple_me/include/me_ssa_tab.h 和 src/maple_me/src/me_ssa_tab.cpp。MeDoSSATab 继承于 MeFuncPhase，它的定义和实现都不复杂，代码如下：

```
//第 10 章/me_ssa_tab.h
class MeDoSSATab : public MeFuncPhase {
 public:
  explicit MeDoSSATab(MePhaseID id) : MeFuncPhase(id) {}

  virtual ~MeDoSSATab() = default;

 private:
```

第 10 章 phase 实例分析

```cpp
  AnalysisResult * Run(MeFunction * func, MeFuncResultMgr
  * funcResMgr, ModuleResultMgr * moduleResMgr) override;
  std::string PhaseName() const override {
     return "ssaTab";
  }
};
AnalysisResult * MeDoSSATab::Run (MeFunction * func,
MeFuncResultMgr * funcResMgr, ModuleResultMgr * moduleResMgr) {
  MPLTimer timer;
  timer.Start();
  if (DEBUGFUNC(func)) {
LogInfo::MapleLogger() << "\n =============== SSA and AA
preparation ============ " << '\n';
  }
  MemPool * memPool = NewMemPool();
  // allocate ssaTab including its SSAPart to store SSA information
//for statements
  auto * ssaTab = memPool -> New < SSATab > (memPool, func ->
GetVersMp(), &func -> GetMIRModule());
  func -> SetMeSSATab(ssaTab);
#if DEBUG
  globalSSATab = ssaTab;
#endif
  // pass through the program statements
  for (auto bIt = func -> valid_begin(); bIt != func -> valid_end();
++bIt) {
    auto * bb = * bIt;
    for (auto &stmt : bb -> GetStmtNodes()) {
      ssaTab -> CreateSSAStmt(stmt, * bb); // this adds the
                                           //SSANodes for exprs
    }
  }
  if (DEBUGFUNC(func)) {
```

```
      timer.Stop();
LogInfo::MapleLogger() << "ssaTab consumes cumulatively
" << timer.Elapsed() << " seconds " << '\n';
  }
  return ssaTab;
}
```

MeDoSSATab 类的成员函数，除了每个 phase 都有的 Run 和 PhaseName 函数之外，没有任何一个其他的成员函数，也没有成员变量。

MeDoSSATab 的 Run 函数，主要执行了以下操作：为处理的 MeFunction 添加一个名为 ssaTab 的 SSATab *；遍历 MeFunction 的所有 BB，然后在每个 BB 内部遍历每条语句，为语句构建 SSA 版本的语句，并将其添加到 ssaTab；返回新构建好的 ssaTab。

MeDoSSATab 的 Run 函数中使用了 SSATab。SSATab 的定义和实现位于 src/maple_me/include/ssa_tab.h 和 src/maple_me/src/ssa_tab.cpp，它继承于 AnalysisResult 类，用来存储构建的 SSA 语句。

SSATab 有一个成员变量 stmtsSSAPart，它用来存储语句节点的 SSA 信息。注释里也说明了这点："Statement nodes' SSA information is stored in class SSATab's StmtsSSAPart, which has an array of pointers indexed by the stmtID field of each statement node."所以，MeDoSSATab 的 Run 函数中调用的 CreateSSAStmt，也是将最终信息存储到了 stmtsSSAPart 里。

SSATab 的设计与实现也不复杂，除了操作成员变量及其内部数据的设置和获取之外，就是 CreateSSAExpr 和 CreateSSAStmt

的成员函数。前者还是为后者服务的。

10.7　MeFuncPhase 之 ssa 分析

ssa 是 MeFuncPhase 类的 phase 之一,是除了 ssaTab 之外和 ssa 相关的第二个 phase。它在 phases.def 中,排在 ssaTab 和 aliasclass 之后。前文已经分析过了 ssaTab,本文将对 ssa 做一个简要的分析。

ssa 对应的实现类是 MeDoSSA,MeDoSSA 继承自 MeFuncPhase。其定义和实现的位置为 src/maple_me/include/me_ssa.h 和 src/maple_me/src/me_ssa.cpp。

MeDoSSA 的 Run 函数的实际返回值是 MeSSA 类型的指针。MeSSA 和 MeDoSSA 定义在同一个头文件中,它继承自 SSA 和 AnalysisResult,代码如下:

```
class MeSSA : public SSA, public AnalysisResult {
```

其中,SSA 的定义和实现位于 src/maple_me/include/ssa.h 和 src/maple_me/src/ssa.cpp。

MeDoSSA 所做的工作是构建 MeFunction 的 SSA 形式。在构建函数的 SSA 形式之前,需要已经获取了函数的支配树及 BB 的支配边界。而与支配树及支配边界相关的操作,实际上是在 dominance 这个 phase 里实现的相关操作。

dominance 这个 phase,主要是分析 MeFunction 的控制流

图，采用 Keith Cooper 的算法来生成支配树和支配边界，这都是为了插入 phi 节点做准备。（Keith Cooper 就是 *Engineering a Compiler* 的作者）dominance 对应的实现类是 MeDoDominance，它的定义和实现位于 src/maple_me/include/me_dominance.h 和 src/maple_me/src/me_dominance.cpp。需要注意的是，dominance 这个 phase 虽然在源码中定义并实现了，但是它并没有注册在 phases.def 中。但是它又是 ssa 所必需的前提，所以 phases.def 里列的 phase 列表，并不足以构成一个完整的执行 phase 序列。

MeDoSSA 所做的工作是构建函数的 SSA，其工作可以分为两步：插入 phi 节点；重命名支配树并遍历支配树所遇到的每个定义和使用的符号。src/maple_me/src/me_ssa.cpp 中有注释详细描述该过程，代码注释如下：

```
//第 10 章/me_ssa.cpp
    This phase builds the SSA form of a function. Before this we have
got the dominator tree and each bb's dominance frontiers. Then the
algorithm follows this outline:

    Step 1: Inserting phi-node.
    With dominance frontiers, we can determine more precisely where
phi-node might be needed. The basic idea is simple. A definition
of x in block b forces a phi-node at every node in b'sdominance
frontiers. Since that phi-node is a new definition of x, it may, in
turn, force the insertion of additional phi-node.

    Step 2: Renaming.
```

> Renames both definitions and uses of each symbol in a preorder walk over the dominator tree. In each block, we first rename the values defined by phi-node at the head of the lock, then visit each stmt in the block: we rewrite each uses of a symbol with current SSA names(top of the stack which holds the current SSA version of the corresponding symbol), then it creates a new SSA name for the result of the stmt. This latter act makes the new name current.
> After all the stmts in the block have been rewritten, we rewrite the appropriate phi-node's parameters in each cfg successor of the block, using the current SSA names. Finally, it recurs on any children of the block in the dominator tree. When it returns from those recursive calls, we restores the stack of current SSA names to the state that existed before the current block was visited.

上述代码注释已经很清楚地说清楚了构建 SSA 的过程。MeDoSSA 的 Run 函数在构建 SSA 之前,使用了 dominance phase 和 ssaTab phase 为 SSA 的构建做准备,代码如下:

```
//第 10 章/me_ssa1.cpp
AnalysisResult * MeDoSSA::Run(MeFunction * func, MeFuncResultMgr
* funcResMgr, ModuleResultMgr * moduleResMgr) {
  auto * dom = static_cast < Dominance * > (funcResMgr->
GetAnalysisResult(MeFuncPhase_DOMINANCE, func));
  CHECK_FATAL(dom != nullptr, "dominance phase has problem");
  auto * ssaTab = static_cast < SSATab * > (funcResMgr->
GetAnalysisResult(MeFuncPhase_SSATAB, func));
  CHECK_FATAL(ssaTab != nullptr, "ssaTab phase has problem");
  MemPool * ssaMp = NewMemPool();
  MeSSA * ssa = ssaMp->New<MeSSA>(func, dom, ssaMp);
  ssa->BuildSSA();
  ssa->VerifySSA();
```

```
    if (DEBUGFUNC(func)) {
        ssaTab -> GetVersionStTable().Dump(&ssaTab -> GetModule());
    }
    return ssa;
}
```

ssa 本身并不是十分复杂，主要是完成 MeFunction 的 SSA 插入 phi 节点和重命名的操作。但是，ssa 依赖于 ssaTab 和 dominance 这两个 phase，所以其实要将 3 个 phase 一起理解，这样就相对复杂了一些。

目前与 phase 体系相关代码并未完全公开，所以系统地理解可能会有一些问题，但是可以选择重点的 phase 进行理解，搞清楚 phase 的工作机制和具体的 phase 工作重点，这样后续理解其他 phase 的时候就要容易得多。

第 11 章

如何参与方舟编译器社区

方舟编译器开源之后,其开源代码转移到了码云(gitee.com)上,具体位置为 https://gitee.com/harmonyos/OpenArkCompiler。对方舟编译器感兴趣的读者,可以通过上述网址关注和参与到方舟编译器的开发之中来。

方舟编译器目前的交流和讨论方式有两种:一种是项目页面新建 issue;一种是通过邮件列表交流。项目页面新建 issue 的操作较为简便:首先,需要注册码云(gitee.com)的账号;其次,注册完账号之后可以在方舟编译器的项目页面单击"+Issue"按钮来新建 issue,提交自己的想法和疑问,社区会有人处理和回复。也可以通过邮件列表交流:首先,通过发送邮件主题为"subscribe"到 hellogcc-maple-request@freelists.org,完成订阅;其次,后续可以直接向邮件列表 hellogcc-maple@freelists.org 发送邮件进行交流。

方舟编译器目前已经开放并接收代码提交。当下的代码提交方式主要是通过 pull request 方式进行提交。这个过程可以分为几个步骤:在项目页面新建 issue 并描述需要解决的问题(非必须);从方舟编译器开源代码仓库 fork 一份,建立自己的代码库;将代码的修改提交到自己的代码库;从自己的代码库向方舟编译器代码发起一份 pull request,等待官方的验证和合并即可。

新建 issue 并不是必需的,但是如果没有新建 issue,需要在代码的 commit 信息里更加详细地描述进行代码修改的原因、改动范围、改动目标等信息。同时,如果新建了 issue,在代码合并进入之后,需要更新 issue 状态。

另外,方舟编译器不定期地举行线下社区活动。目前已经分别在北京、上海和杭州举行过线下技术沙龙,在可预见的未来还会不断有活动召开。可以关注方舟编译器项目站点的信息,报名参与方舟编译器的线下社区活动,了解方舟编译器的最新动态,参与技术交流。

附录 A

方舟编程体系

方舟编译器的诞生经历过很长的过程，是一帮满腔热血的工程师在华为大平台之上经过多年的酝酿和磨砺，一步一步发展到今天，是必然的产物。

从 2009 年下半年开始，第一批编译器工程师加入了位于硅谷的华为美研所，从此开始了华为自研编译器及工具链的历史。初创时期团队人员少，一个巴掌数得过来，但是幸运的是，这个团队经过十几年的积淀，留下了一批华人编译器专家的精华。他们平均从事编译器相关行业工作 20 几年。相应的平均年龄 40 多岁。作为 IT 行业的研发人员，我认为这个年龄正是人生的精华，对技术的理解最透彻、精纯。同样幸运的是，华为对基础技术的持续投入，在国内也孕育了一批高达数百人的编译、虚拟机的相关队伍。里面聚集了国内最顶尖的人才。可以说，中国做编译和虚拟机的人员，约有四分之一在华为。

编译器团队的业务从零起步，经历的产品包括多核芯片仿真、基于 GDB 的调试器、GCC 和 LLVM 基础上的编译器设计，为公司主航道提供了大量的工具链，也创造了很多性能优化的奇迹。可是我一直认为，最大的收获在于培养了大量的人才。

在经历过这些产品之后，我们感觉到华为内部纷繁复杂的产品需求，应该需要一套自主的软件编程体系来支撑。单纯凭借开源的零散软件来定制不同的业务需求,效率低下,而且不论是对编译/虚拟机等系统软件还是应用软件团队来说,都没有积累,是很大的浪费。还有一个重要因素,我们从不同的国际大公司聚拢在一起,对这个行业非常了解,很清楚像华为这样的大公司拥有自己的编程体系是多么重要。我们都非常渴望做这件事情。

最终促使我们下决心的是一个设计编程语言的项目。它的需求是,有没有可能开发一种新的高级语言,类似 Matlab,同时又能够发挥 DSP 的硬件能力。传统 DSP 软件的开发严重依赖于类似汇编的 intrinsic,当芯片换代时,这样的软件不得不重新设计和实现。因此,这里很直观地就提出新语言的需求,同时兼顾产能和性能。这就是我们的高级语言 Cm 的诞生。这是一个在 C 基础之上融合了类似 Matlab 数据类型和操作的语言。为了追求性能,大量的优化需要在高级 IR 就开始,即在语法树上进行彻底优化。工作的重点集中在前端,必须对语法树进行深入改造。

GCC 没有被我们选中,因为它的前端过于晦涩,需要依赖 lex/yacc 这类工具自动生成一些代码,这些代码很难用人工去理解,而新语言的开发需要频繁地改动前端。Clang 的前端是手写的,非常方便阅读,因此我们就以此为基础进行 Cm 的设计和实现。Cm 取得了巨大成功。但是,暴露出的问题是,在别人的开源编译器上进行深入改造,效率太低。有很多具体问题,这里不展开。

至此,那个自主编程体系的问题又进入我们脑海,挥之不去。首先,从纯技术角度来看,华为的业务从最初的 CT 发展到今天的 ICT,编译器工程师面对的芯片从 DSP、CPU、GPU 到 NPU,面对的计算类型和数据访问类型种类繁多,编译器要适配的优化和实现也种类繁多,在各种差异存在的同时又有共性存在。依靠开源的项目实现上述目标，几乎是不可能的，或者说效率是非常低下的。最大的原因在于每个改动尤其是 IR 及基础优化的改动，在他人的项目基础之上是很难顺利完成的。其次，从公司的业务来看，华为内部庞大的软件开发队伍及无数的软件项目，其实是存在很多共性的，一个略微通用的软件开发全栈，从编程语言开始往下直至内核，对于多数项目是有很大收益的，特别在版本维护、演进和优化上。

基于上述现实，我们一直在思考，应该有一个自主设计的中间语言，也就是编译器的 IR，作为一切软件编译和运行的基础。从而避免在舶来品上进行基础性的改动带来的痛苦，这样也不需要考虑是否跟随舶来品演进的问题，从而制定自己的技术路线。我个人坚定认为，华为庞大的软件开发体量，迫使我们必须有自主控制独立演进的软件编译分析框架。在此，我们要求这个 IR 具有很强的伸缩性，能够消化多数常见的语言特性，动态的或者静态的（当然，很可能一下子达不到这个要求，但我愿意也能够大幅修改）。在此基础上，编译器的输出应该具有多样性，既可以直接编译成 binary，也可以不同层次的 IR 输出，即以中间代码形式打包，类似 Java 的字节码。既可以直接送给硬件，也可以中间码进行多种格式的分发。具体如图附 1 所示。

基于此，走自主研发的道路是无法回避的，特别是当前的 GCC、LLVM 和 Open64 等 IR 的设计是没有考虑 Java 这类语言的特性，包括对象模型及各种动态特性的描述，与其在他人基础上不停打补丁，不如从头开始设计一个全新理念的 IR。这也就是图 A.1 中虚线所示的 Maple IR。对于技术人员来说，拥有一个每个细胞都具备自己基因的编译器，是多么惬意的事情。这也是大家的一点技术情节。

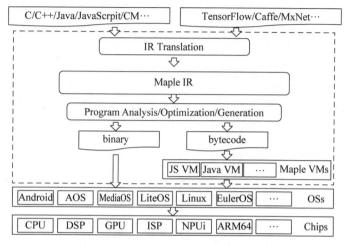

图 A.1 自主编程体系

方舟编译器原先的名字叫 MAPLE(Multiple Architecture Programming Language & Environment),这也是吻合了图 A.1 的意思。在开源的代码中可以看到很多 Maple 字眼,以及文件的后缀名为.mpl 及.mplt 等。Maple IR 是重新设计的,跟传统编译器最大的区别在于我们在 IR 中引入对象的概念,也引入异常处理、同步操作等,因此,它能表达的语义比 LLVM 和 GCC 更贴近高级语言且囊括了语言的动态特性。

从图附 1 的描述可以看出,方舟编译器是会输出中间码格式的软件包,中间码是与平台无关的。这意味着在未来的规划中,我们能够服务于一个分布式、多设备的系统,各设备接收的软件包可以是二进制或者中间码格式。根据设备的能力大小,中间码所包含的信息可以不同。为了实现这个能力,方舟引擎应运而生。这是针对中间码的执行引擎,类似于 Java 虚拟机。所以一个设备既可以采用直接运行机器码，也可以采用方舟引擎运行中间码。不同于 Java 虚拟机的有两个方面。第一方面，方舟引擎输入的 Maple IR，这是瞄准多语言的，因此，它比 Java 字节码的表达范围大很多。只要能编译成 Maple IR，引擎就可以执行。第二方面，方舟引擎未来要包含仿真能力，也就是说，开发人员在没有实际硬件的条件下，可以仿真一些设备并运行方舟软件。

方舟最早的产品可以追溯到 2016 年，是 JavaScript 程序的编译器及虚拟机，代号为 MapleJS。它的目标设备是 IoT。配合华为的 LiteOS，可以支撑多数的 IoT 小设备。MapleJS 的整体内存消耗在十几 KB 级别，好于三星的 JerryScript。

最近火热的方舟编译器的产品是针对安卓系统下面的 Java 程序的静态编译（原来代号叫 MapleJava）。把 Java 代码直接编译成机器码，所有的动态语义都通过静态方法来解决。这样 Java 虚拟机就不用存在了。在安卓系统中，ART（Android Runtime）也不需要了。最常见的卡顿原因，即 GC，是通过 Reference Counting 解决（环引用通过一个按需触发的 backup GC 搞定，触发频率低到可以忽略不计）。这也是方舟取得流畅度提升的一个主要原因。综合来讲，做静态编译的最强大的地方在于看到更多的程序信息，这其实是为我们将来更宏伟的计划做准备。大家常见的虚拟机 JIT 编译可以得到 profiling 信息的优点，在静态编译通过训练一样可以获得，只是两者在信息类型和数据量上各有千秋。

图附 1 中描述的 Maple IR，其核心设计思想是能够兼容常见的几种语言。这个要求背后隐藏的一个长远的设想就是消除跨语言的障碍。举个例子，在 Java 编程中如果想调用 C 库，则必须通过 JNI 机制实现。这个实现的成本是很高的，因为两种不同语言的数据类型、调用约定完全不同，又牵涉跨语言的异常传播和内存管理，不得不通过虚拟机进行昂贵的处理，效率十分低下。如果能够把两种语言都翻译到 Maple IR，在 IR 上进行数据类型的融合，并在相当大程度上实现调用约定的统一，那么则可以极大地提高效率。我们把这个计划称为"拆墙行动"。在拆墙行动基础之上，在我们长远的构思中要做全程序优化，这是一个跨语言的全程序优化，是对我们自己的巨大挑战。

显然，我们的理想不是做编译器，而是做软件开发系统。这是一个相当大的范围，可以理解为软件开发的生态。我们今天在做的每一件事情，包括 Java 静态编译，都是为这个目标做准备。它的未来已经着眼于建立完整的软件开发体系。在这整个生态中不得不提的就是编程语言和编程框架。软件开发人员看到的就是编程语言和相关框架，因此，这是生态的入口，方舟的未来必然在语言上要尝试，即使失败也要做。基于此，一个强大的具有相对自动适配能力的编译器前端是必需的。这个前端最大的特点必须是能够最大程度自动化，降低语言设计过程中的各种反复带来的开发成本。

除此之外，大量基于一致的 IR 的开发工具，包括调试、调优等，必定会应运而生，为此，我们愿意和业界的共同爱好者一起努力，构建一个完整的方舟体系，在编程语言、编译、分布式异构编程框架、分布式运行系统等多个领域奠定基础。

叶寒栋

2020 年 7 月

参 考 文 献

[1] Cooper K D, Torczon L. 编译器设计[M]. 郭旭, 译. 2版. 北京: 人民邮电出版社, 2013.
[2] Aho A V, Lam M S, Sethi R, et al. 编译原理[M]. 赵建华, 郑滔, 等译. 2版. 北京: 机械工业出版社, 2011.
[3] 中国开源云联盟. 木兰宽松许可证引言[J/OL]. https://license.coscl.org.cn/index.html.
[4] Chris Lattner. LLVM[J/OL]. http://www.aosabook.org/en/llvm.html.
[5] Chow F. The increasing significance of intermediate representations in compilers[J/OL]. https://queue.acm.org/detail.cfm?id=2544374.
[6] LLVM Language Reference Manual[J/OL]. https://llvm.org/docs/LangRef.html.
[7] Bridgers V, Piovezan F. LLVM IR Tutorial-Phis, GEPs and other things, oh my! [J/OL]. http://llvm.org/devmtg/2019-04/slides/Tutorial-Bridgers-LLVM_IR_tutorial.pdf.
[8] Open64 Compiler Whirl Intermediate Representation[J/OL]. https://www.mcs.anl.gov/OpenAD/open64A.pdf.
[9] Cooper K. A Simple, Fast Dominance Algorithm. [J/OL]. https://www.cs.rice.edu/~keith/EMBED/dom.pdf.

后　　记

　　历时半年多，本书的书稿终于完成。虽然字数不太多，但是也耗费了不少的精力。方舟编译器目前还在不断地开源之中，有关方舟编译器的资料，目前主要是社区的源码和文档，其他的资料并不多。作为第一本以方舟编译器为主题的书，我希望这本书能够对方舟编译器社区的建设增添一份自己的力量，对方舟编译器的爱好者和社区参与者能有一些帮助。

　　在本书的编写过程中，由于方舟编译器还在开源过程中，以及作者的水平限制，注定会有大大小小的问题，还望大家海涵。

　　在本书稿的编写过程之中，叶寒栋、吴伟、邢明杰、刘果等为本书提出了很多宝贵的意见，在此对诸位表示真诚的感谢。中科院软件所智能软件研究中心对本书的编写提供了大力支持，在此专门表示感谢。此外，我的导师张家晨教授和许兆昌教授在本书的写作过程中也给予了我大量的帮助，特对两位老师表示感谢。

　　本书的编写，源于我以"小乖他爹"的 ID 在知乎更新的"方舟编译器学习笔记"系列博客，感谢对该系列博客大力支持的广大网友。在本书的编写过程中，新冠肺炎病毒肆虐，成千上万的医护工作者奋战在抗击疫情的第一线，在此也对这些保护我们的勇敢者致敬。

　　最后，特别感谢清华出版社的编辑赵佳霓，她在本书的写作和出版过程中都给予我很大的支持和帮助。